運算思維
系列

U0096121

運算思維修習學堂

使用**C語言**的10堂入門程式課

吳燦銘 著 ZCT 策劃

暢銷回饋版

大量程式範例，正確無誤執行

精心內容安排，速懂程式語法

習題難易適中，驗收教學成果

程式入門教材，授課最佳首選

博碩官網下載
書中範例程式碼

博碩文化

本書如有破損或裝訂錯誤，請寄回本公司更換

作　　者：吳燦銘 著、ZCT 策劃
編　　輯：Cathy、魏聲圩

董 事 長：曾梓翔
總 編 輯：陳錦輝

出　　版：博碩文化股份有限公司
地　　址：221 新北市汐止區新台五路一段 112 號 10 樓 A 棟
　　　　　電話 (02) 2696-2869　傳真 (02) 2696-2867

發　　行：博碩文化股份有限公司
郵撥帳號：17484299
戶　　名：博碩文化股份有限公司
博碩網站：http://www.drmaster.com.tw
讀者服務信箱：dr26962869@gmail.com
訂購服務專線：(02) 2696-2869 分機 238、519
（週一至週五 09:30 ～ 12:00；13:30 ～ 17:00）

版　　次：2025 年 1 月三版一刷

建議零售價：新台幣 380 元
ISBN：978-626-414-111-6
律師顧問：鳴權法律事務所 陳曉鳴

國家圖書館出版品預行編目資料

運算思維修習學堂：使用 C 語言的 10 堂入門程
式課 / 吳燦銘著 . -- 三版 . -- 新北市：博碩文化股
份有限公司，2025.01
　　面；　公分 . -- (運算思維系列)

ISBN 978-626-414-111-6 (平裝)

1.CST: C (電腦程式語言)

312.32C　　　　　　　　　　　　　113020834

Printed in Taiwan

歡迎團體訂購，另有優惠，請洽服務專線
博碩粉絲團　(02) 2696-2869 分機 238、519

C 語言一直是多年來科技界相當受歡迎的程式語言，C 語言能以簡潔的語法寫出功能強大的程式，無論是後來的 C++、Java、PHP，甚至 .NET 中的 C#、Visual Basic 等，都以 C 語言作為參考。其中 C 語言結構化程式設計語法、函數的觀念、使用者自訂型態等，都是後來程式語言參考的依據，因此只要各位學習完 C 語言，將來想要學習其它程式語言，都可快速上手。

C 語言具備高階語言的結構化語法，也有組合語言的高效率表現，並且擁有高度可移植性與強大的數據處理能力。另外，C 語言本身可以直接處理低階的記憶體，舉凡硬體驅動程式、網路通訊協定，或者嵌入式系統等等，都可以使用 C 語言來撰寫。特別是以 C 語言開發出來的程式檔案容量相當的小，相較於 Java、Visual Basic、Pascal 等程式語言來說，C 語言的執行效率相當高，執行時也相當地穩定。

本書規劃了「使用 C 語言的 10 堂入門程式課」的進度，精要說明了 C 語言相關的語法，非常適合作為高中職學校程式語言的教材，或第一次學習 C 語言的入門學習者。各章習題包括了觀念及程式除錯的相關題目，可以協助每位學生或讀者，快速進入 C 語言程式設計的領域。

本書也納入了 APCS（Advanced Placement Computer Science）「大學程式設計先修檢測」的考試重點，包括：資料型態、常數與變數、全域及區域、流程控制、迴圈、函式、遞迴、陣列、自訂資料型態，和基礎演算法，如排序和搜尋等。收錄歷年的程式設計觀念題，題目主要以運算思維、問題解決與程式設計概念測試為主，題型包括：程式運行追蹤、程式填空、程式除錯、程式效能分析及基礎觀念理解等，這樣的寫作方式安排，是希望在學習 C 語言的同時，也能以這些 APCS 各年度考題來印證各章主題的學習成效。雖然本書校稿過程力求無誤，唯恐有疏漏，還望各位先進不吝指教！

1 CHAPTER
C 程式設計的完美初體驗

2 CHAPTER
一次搞懂 C 的資料處理與型態

3 CHAPTER
格式化輸出入功能的私房密技

4 CHAPTER
輕鬆玩轉運算子與運算式

5 CHAPTER
流程控制必修攻略

6 CHAPTER
陣列與字串速學筆記

7 CHAPTER
函數與演算法的關鍵技巧

8 CHAPTER
輕鬆搞定指標入門輕課程

9 CHAPTER
速學結構與其他自訂資料型態

10 CHAPTER

基礎檔案輸入與輸出管理懶人包

A APPENDIX

APCS 資訊能力檢測介紹一覽

Chapter 1

C 程式設計的完美初體驗

隨著資訊與網路科技的高速發展，在目前這個雲端運算（Cloud Computing）的時代，程式設計能力已被視為國力的象徵，連教育部都將撰寫程式列入國高中學生必修課程，寫程式不再是資訊相關科系的專業，而是全民的基本能力，唯有將「創意」經由「設計過程」與電腦結合，才能因應這個快速變遷的雲端世代。

雲端運算加速了全民程式設計時代的來臨

Tips

「雲端」即泛指「網路」，來自於工程師對網路架構圖中的網路，習慣用雲朵來代表不同的網路。雲端運算就是將運算能力提供出來作為一種服務，只要使用者能透過網路登入遠端伺服器進行操作，就能使用運算資源。

1-1 程式設計與 C 語言

對於有志從事資訊專業領域的人員來說，程式設計是一門和電腦硬體與軟體息息相關的學科，也是近十幾年來蓬勃興起的新興科學。更深入來看，程式設計能培養孩子解決問題、分析、歸納、創新、勇於嘗試錯誤等能力，並可提前為未來數位時代作準備。

學好程式設計是全民的基本能力

1-1-1 認識 C 語言

　　「程式語言」是一種人類用來和電腦溝通的語言，也是用來指揮電腦運算或工作的指令集合，可以將操作者的思考邏輯和語言轉換成電腦能夠了解的語言。C 語言稱得上是一種歷史悠久的高階程式語言，也往往是現代初學者最先接觸的程式語言，對近代的程式設計領域有著非凡的貢獻。

人類必須透過程式語言與電腦溝通，否則就如同雞同鴨講

　　程式語言本來就只是工具，沒有最好的程式語言，只有適不適合的程式語言，從程式語言的發展史來看，程式語言的種類還真是不少，若包括實驗、教學或科學研究的用途，程式語言可能有上百種之多，不過每種語言都有其發展的背景及目的。

　　C 語言的前身是 1972 年貝爾實驗室的 Dennis Ritchie 以 B 語言為基礎，持續改善與發展，並且重新將它發表為 C 語言。在許多平台的主機上都有 C 語言的編譯器，因此許多程式設計師能夠輕易地跨足不同平台來開發程式，也讓 C 語言廣受科技界歡迎。

　　由於各家廠商所出品的 C 編譯器時常融入不同特性與特殊語法，往往增添程式設計師在開發上的某些困擾。因此在 1980 年代初，美國國家標準局（American National Standard Institution）特別為 C 語言訂定了一套完整的國際標準語法－ ANSI C，作為 C 語言的普世標準。所以目前如果要學習 C，只要使用最單純且符合 ANSI C 格式的 C 語法，即可在各個平台上通行無阻了。

1-1-2 C 語言的特點

　　C 語言是一種靈活、輕盈與歷史悠久的程式語言，不但是現代程式設計領域初學者最先接觸的程式語言，也深受全世界專業程式設計師所喜愛，包括眾所周

知的開放原始碼作業系統—Linux，與微軟的 Windows 作業系統都是以 C 語言撰寫而成。為什麼 C 語言能有如此屹立不搖的優點，以下歸納出四項特點。

高效能編譯式語言

C 語言屬於一種編譯式語言，也就是使用編譯器（compiler）來將原始程式轉換為機器可讀取的可執行檔或目的程式，不過編譯器必須先把原始程式讀入主記憶體後才可以開始編譯。編譯後的目的程式可直接對應成機器碼，故可在電腦上直接執行，不需要每次執行都重新編譯，執行速度與效能自然較快。

Tips

直譯式語言與編譯式語言不同，是利用解譯器（Interpreter）來對高階語言的原始程式碼做逐行解譯，每解譯完一行程式碼後，才會再解譯下一行。如果發生錯誤，則解譯動作會立刻停止。由於使用解譯器翻譯的程式每次執行時都必須再解譯一次，所以執行速度較慢，不過因為僅需存取原始程式，所以佔用記憶體較少。Python、Basic、LISP、Prolog 等語言亦使用解譯的方法。

硬體溝通能力

C 語言經常被程式設計師們稱為「中階語言」，原因是 C 語言不但具有高階語言的親和力，且容易開發、閱讀、除錯與維護，C 語言可以直接處理低階記憶體，甚至處理位元邏輯運算問題，其能達成的功能不單單只是在開發一般套裝軟體，甚至硬體驅動程式、網路通訊協定，或者嵌入式系統等，都能仰賴 C 語言來開發完成，更能直接控制與存取硬體系統。值得一提的是以 C 語言開發出來的程式檔案容量相對較小，不需要依賴虛擬機器或執行時期環境就可直接執行。

程式可攜性高

C 語言具備了相當強的可攜性（portability），也就是使用 ANSI C 函式庫所撰寫的程式，只要程式碼稍作修改就能立刻搬到別的作業系統上執行，目前許

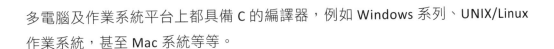

多電腦及作業系統平台上都具備 C 的編譯器，例如 Windows 系列、UNIX/Linux 作業系統，甚至 Mac 系統等等。

結構化程式設計

C 語言的語法設計上具有高階語言的結構化與模組化特性，可以利用「函數」方式來增加程式碼的可讀性，更可以利用函數（function）與運算子（operator）來增加程式碼的可讀性，並包含了循序（sequential）、重複（iteration）和選擇（selection）等結構，具有層次清楚、條理分明的風格。

1-2 我的第一個 C 程式

其實程式語言和學游泳一樣，直接跳下水體驗看看才是最好的方法。以筆者多年從事程式語言的教學經驗，對一個新語言初學者的心態來說，就是不要廢話太多，盡快讓他實際跑出一個程式最為重要，許多高手都是程式寫多了，對這個語言的掌控度就越來越厲害。

由於 C 語言相當受到各界的歡迎，市場上有許多廠商陸續開發了許多 C 語言的「整合開發環境」（Integrated Development Environment, IDE），可將程式的編輯、編譯、執行與除錯等功能聚集於同一操作環境下，如果各位是 C 語言的初學者，又想學好 C 語言，那麼免費的 Dev-C++ 肯定是一個不錯的選擇。

1-2-1 Dev-C++ 下載與安裝

原本的 Dev-C++ 已停止開發，改為發行非官方版，Orwell Dev-C++ 是一個功能完整的程式撰寫整合開發環境和編譯器，也是屬於開放原始碼（open-source code），專為 C/C++ 語言所設計，能夠輕鬆撰寫、編輯、除錯和執行 C 語言的種種功能。Orwell Dev-C++ 的下載網址如下：http://orwelldevcpp.blogspot.tw/。

當各位下載「Dev-Cpp 5.11 TDM-GCC 4.9.2 Setup.exe」程式後，在所下載的目錄中用滑鼠左鍵按兩下安裝程式，即可啟動安裝過程，首先會要求選擇語言，此處選擇「English」：

接著按下「I Agree」鈕：

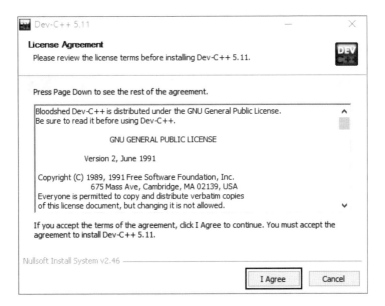

進入下圖視窗選擇要安裝的元件，請直接按下「Next」鈕：

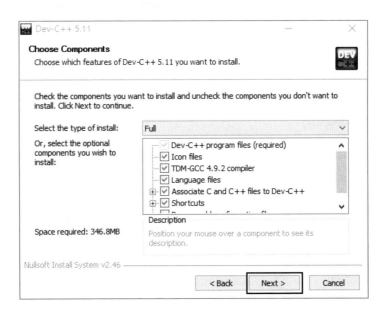

接著決定要安裝到哪裡，按下「Browse」可以更換路徑，如果採用預設儲存路徑，則請直接按下「Install」鈕。

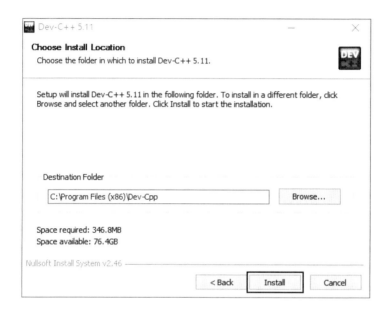

隨即開始複製要安裝的檔案：

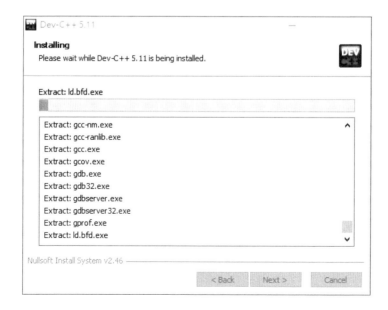

當出現下圖的畫面時，就表示安裝成功。

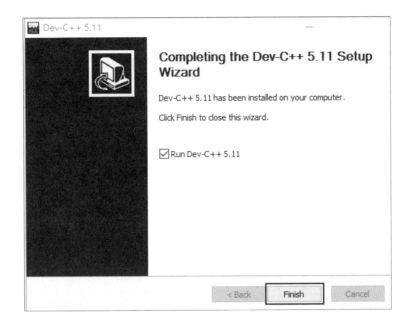

1-2-2 Dev C++ 工作環境簡介

安裝完畢後，請在 Windows 作業系統下的開始功能表中執行「Bloodshed Dev C++/Dev-C++」指令，或直接用滑鼠點選桌面上的 Dev-C++ 捷徑進入主畫面。此時若主畫面的介面是英文版，可以執行「Tools/Environment Options」指令，點選「Language」設定為「Chinese(TW)」：

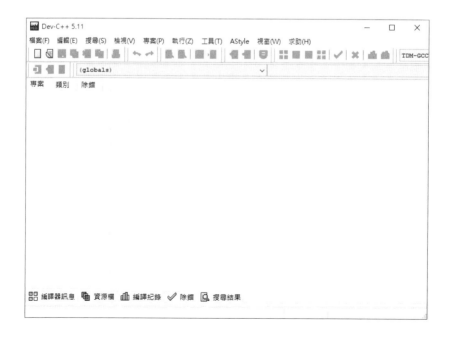

更改完畢後，就會出現繁體中文的介面：

Tips

如果啟動 Dev-C++ 後出現下圖視窗，請直接按下「Yes」鈕即可。

功能表 工具列

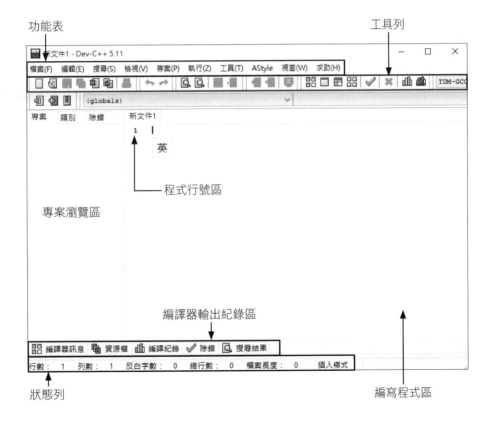

程式行號區

專案瀏覽區

編譯器輸出紀錄區

狀態列 編寫程式區

接著開始帶各位使用 Dev C++ 來撰寫第一支程式 helloworld（檔名）。首先我們要開啟的是單一檔案的功能，也就是撰寫單一程式。請選擇【檔案】→【開新檔案】→【原始碼】，以開啟一個新的原始碼檔案。然後在 Dev C++ 的程式碼編輯區中，輸入如下的第一個 C 語言練習程式碼：

```c
#include <stdio.h>
#include <stdlib.h>

int main(void)
{
    int no;
    no=2;
    printf("There are %d pandas in Taipei.\n",no);
    /* 輸出臺北有兩隻熊貓 */

    return 0;
}
```

1-2-3 寫程式碼

當各位開始在 Dev C++ 中輸入程式碼時，大小寫字母是有區分。請注意！Dev C++ 是一種很視覺化的視窗編輯環境，而且還會將程式碼中的字串（紅色）、指令（黑色）與註解（深藍色）標示成不同顏色。

由於 C 語言的指令撰寫是具有自由化格式（free format）精神，也就是只要不違背基本語法規則，可以自由安排程式碼位置，每一行指令是以「;」做為結尾與區隔，也就是說，各位可以將一個指令拆成好幾行，或將好幾行指令放在同一行。

這是因為編譯器會忽略程式碼中所有的空白（除了「""」所包括的內容，因為它是屬於字串內容），只有當編譯器遇到「分號」(;)時，才會判定是該行指令的結束。至於在同一行指令中，對於完整不可分割的單元稱為字符（token），兩個字符間必須以空白鍵、tab 鍵或輸入鍵來區隔。

❷ 程式寫完後，按下「儲存檔案」鈕，並決定存檔
　路徑、檔名（helloworld），並以 .c 為副檔名

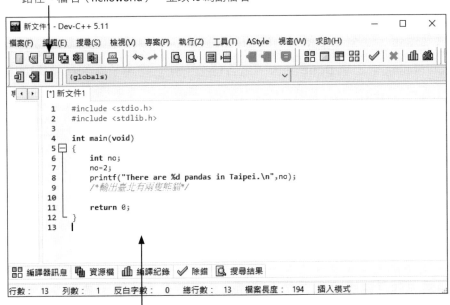

❶ 請各位自行輸入這些 C 程式碼

如果這個檔是全新檔案，而且尚未存檔，Dev C++ 會提醒你要先將該檔案
存檔。在此我們將檔案存為 helloworld.c：

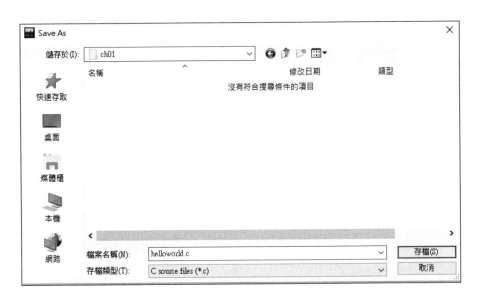

1-2-4　編譯程式碼

接下來我們就要開始執行編譯過程，請按下工具列中的編譯按鈕 🔡 或「執行 / 編譯」指令，出現以下視窗代表檔案正在編譯中，如果編譯成功，原本的 Compiling 會出現 Done 字樣，當各位按下任意鍵會重新回到編輯環境：

```
Compilation results...
--------
- Errors: 0
- Warnings: 0
- Output Filename: D:\進行中書籍\博碩_C程式設計的十堂入
- Output Size: 127.931640625 KiB
- Compilation Time: 4.58s
```

1-2-5　執行 C 程式

由於可執行檔的附檔名在 Windows 系統下是「.exe」，當各位的 C 程式碼搖身一變成了可執行檔後，接下來請各位「執行 / 執行」指令或按下「執行鈕」□。將會看到如下圖的執行結果，當再按下任意鍵後就會回到 Dev C++ 的編輯環境：

```
There are 2 pandas in Taipei.

-----------------------------------
Process exited after 0.153 seconds with return value 0
請按任意鍵繼續 . . .
```

1-2-6　程式碼的除錯

由於這個是範例程式，當然不會出現錯誤訊息。當各位執行時發生錯誤訊息，千萬不要大驚小怪。如果寫完一個程式完全沒有錯誤，那才奇怪！除錯（debug）是任何程式設計師寫程式時，難免會遇到的家常便飯，通常會出現的錯誤可以分為語法錯誤與邏輯錯誤兩種。

所謂語法錯誤是指設計者未依照 C 的語法與格式撰寫，造成編譯器解讀時所產生的錯誤。各位可以發現 Dev C++ 編譯時會自動偵錯，並在下方呈現出錯誤訊息，便可清楚知道錯誤的語法，只要加以改正，再重新編譯即可。

```
[*] helloworld.c
#include <stdio.h>
#include <stdlib.h>

int main(void)
{
    int no;
    no=2;
    PRINTF("There are %d pandas in Taipei.\n",no);
    /*輸出臺北有兩隻貓貓*/

    system("PAUSE");
    return 0;
}
```

C 指令的字母必須具有大小寫的區分，這裏 printf 函數名稱被誤打為 PRINTF。

如果是邏輯上的錯誤，可能在編譯時表面上可以正常通過，但執行時卻無法得到預期的結果。這種錯誤型式 Dev C++ 並沒有辦法直接告訴我們錯誤所在，因為我們所撰寫的程式碼完全符合 C 語言的規定，只是整體的邏輯錯誤，當然這種錯誤可能發生在任一環節中。這就要考驗設計者的功力了，通常是將程式碼一行一行地小心確認，抽絲剝繭地找出問題所在。

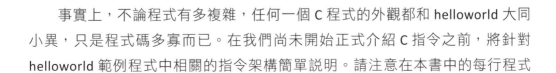

1-3 helloworld 程式快速解析

事實上，不論程式有多複雜，任何一個 C 程式的外觀都和 helloworld 大同小異，只是程式碼多寡而已。在我們尚未開始正式介紹 C 指令之前，將針對 helloworld 範例程式中相關的指令架構簡單說明。請注意在本書中的每行程式

碼之前都有行號,是為了方便書中解說之用,各位可別一樣鍵入到自己的程式
碼中,否則編譯時就會發生錯誤了。

範例程式 **helloworld.c**

```
01   #include <stdio.h>
02   #include <stdlib.h>
03
04   int main(void)
05   {
06       int no;
07       no=2;
08       printf("There are %d pandas in Taipei.\n",no);
09       /* 輸出臺北有兩隻熊貓 */
10
11       return 0;
12   }
```

1-3-1 標頭檔的功用

C 語言本身是一種符合模組化(module)設計精神的語言,模組化最大的
好處就是內建了許多標準函數庫(function)供程式設計者使用。這些函數被
分門別類放置於副檔名為「.h」的不同內建標頭檔(header files)中。各位只
要透過「#include」指令,就可以將相關的標頭檔「包含」(include)進來你的
程式中使用,而不用從頭到尾自行撰寫。如本範例中的 01 與 02 行:

```
#include <stdio.h>
#include <stdlib.h>
```

各位看到 01 行中的 #include <stdio.h>,功用就是把在 C 語言中的標準輸
出入函數的 stdio.h 檔含括進來,例如 prinf() 函數就是定義在 stdio.h 檔中,而
system() 函數則是包含在 02 行中的 <stdlib.h> 標頭檔中。以下列出常見的 C 內
建標頭檔供做參考:

標頭檔	說明
\<math.h\>	包含數學運算函數
\<stdio.h\>	包含標準輸出入函數
\<stdlib.h\>	標準函數庫，包含各類基本函數
\<string.h\>	包含字串處理函數
\<time.h\>	包含時間、日期的處理函數

　　「#include」指令的作用就是告訴編譯器要加入哪些 C 中所定義的標頭檔或指令。在 C 中，「#include」指令是一種稱為處置處理的指令，並不算是 C 的正式指令，所以不需要在指令最後加上分號「;」以做為結束。當使用 C 所提供的內建標頭檔時，還必須用 \<\> 將其括住。如果各位是使用自訂的標頭檔，就必須換成以「" "」符號括住：

```
方式 1：#include < 內建標頭檔名稱 >
方式 2：#include " 自訂標頭檔名稱 "
```

　　方式 1 是用來載入內建標頭檔，而方式 2 則用來載入各位自行撰寫的標頭檔。例如在 A 檔案中要引用 B 檔案時，就可以在 A 檔案中加入自定的標頭檔 #include "B.c" 即可。

1-3-2　main() 函數簡介

　　首先各位要清楚一點，C 程式本身就是由各種函數所組成。所謂函數（function），就是具有執行特定功能的指令集合，我們可以自行建立函數，或者直接使用 C 中內建的標準函數庫，例如 main() 函數或 printf() 函數都是 C 中所提供的標準函數。

　　main() 函數是 C 中一個相當特殊函數，代表著任何 C 程式的開始進入點，也是唯一且必需使用 main 做為函數名稱。任何 C 程式開始執行時，不管它是在程式碼中的任何位置，一定會先從 main() 函數開始執行，編譯器都會找到它，然後開始編譯程式內容，因此 main() 函數又稱為 C 的「主函數」。

　　一般來説，函數主體是以一對大括號 { 與 } 來定義，在函數主體的程式區段中，可以包含多行程式指令（statement），而每一行指令要以「;」結尾。另外，程式區段結束後必須以右大括號 } 來告知編譯器，而且在 } 符號之後，無須再加上「;」來作結尾。以 main() 函數來説，最簡單的 C 程式可以如下定義：

```
int main()
{
              ◄────── 完全無任何的指令
} /* 不用加上 ; 號 */
```

　　C 中函數前的型態宣告是表示函數執行完畢的傳回值型態，例如 int main() 就是表示傳回值為整數型態。如果函數不傳回值，則可設定其資料型態為「void」。不過括號中如果使用 void，是代表這個函數中並沒有傳遞任何引數，或者也可以直接以空白括號 () 表示。例如可以宣告成以下兩種方式：

```
void main(void);
void main();
```

　　請注意！對於 Dev C++ 而言，各位是無法宣告函數傳回值為 void 型態，因此在 Dev C++ 中所有 main() 函數都必須宣告為 int 型態，否則編譯時就會發生錯誤了。例如以下兩種方式都可以在 Dev C++ 使用：

```
int main(void);
int main();
```

　　在此範例的 main 函數中，第 08 行呼叫了 printf() 內建函數。這個 printf() 就是 C 語言的輸出函數指令，會將括號中引號「"」內的字串輸出到螢幕上，而其中「\n」則是跳脱字元的一種，具有換行的功用。在 printf() 函數中也使用到了 "%d" 格式，它的功用是做為表示以十進位整數格式來輸出變數 no 的值，這部份我們在第三章 C 的基本輸入與輸出模式中會有更詳盡説明，在此各位先有概念就好了。

至於第 12 行 return 指令的用途，則是表示函數是否有傳回值，在函數定義中各位可以使用 return 指令來回傳對應函數的整數值，如果是回傳 0，表示停止執行程式，並且將控制權還給作業系統。

1-3-3 註解與縮排

在此特別要補充一點，雖然 helloworld 這個範例，僅是簡單做測試 Dev C++ 的功能之用，是一個很小的程式，但是如果從小程式就能養成使用「註解」的好習慣，就能提高日後在撰寫任何程式時都能兼顧可讀性。

註解（comment）的功用不僅可以幫助其他程式設計師了解內容，在日後進行程式維護與修訂時，也能夠省下不少時間成本。在 C 語言中，只要是加上「/*」與「*/」間的文字都屬於註解內容。另外註解也能夠跨行使用。如下所示：

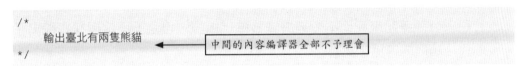

```
/*
     輸出臺北有兩隻熊貓  ←──── 中間的內容編譯器全部不予理會
*/
```

由於 C 程式是由一個或數個程式區塊（block）所構成，所謂程式區塊，就是由 {} 左右兩個大括弧所組成，包含了多行或單行的指令，就像我們一般文章撰寫時的段落。除了加上註解外，寫程式跟寫作文一樣，最後都希望能段落分明，適當的縮排就可以達到這樣的效果，區分出程式區塊的層級。例如在主程式中包含子區段，或者子區段中又包含其他子區段時，這時就可以透過縮排來區分出程式碼層級，讓程式更具有可讀性。

★ 課後評量

1. 何謂「整合性開發環境」(IDE)?

2. 請比較編譯器與直譯器兩者間的差異性。

3. 美國國家標準局(ANSI)為何要制定一個標準化的 C 語言?

4. 請問標頭檔的引進方式有哪兩種?

5. 請問底下的敘述是否為一合法的指令?

```
printf(" 我的第一個程式 !!\n"); system("pause")
; return 0;
```

6. /**/ 除了用來作為註解之外,有些程式設計師喜歡用它來將不需要的程式片段暫時隱藏起來,而不會被編譯器進行編譯,但是下面這個程式卻出了問題,請問哪邊出了錯誤?

```
01  #include <stdio.h>
02  int main(void){
03  /*
04      /* 顯示 Hello! World!*/
05      printf("Hello World!");
06  */
07      printf(" 哈囉 ! 你好 ");
08      return 0;
09  }
```

APCS 檢定考古題

1. 程式編譯器可以發現下列哪種錯誤？〈105 年 3 月觀念題〉

    (A) 語法錯誤　　　　　　　　(B) 語意錯誤

    (C) 邏輯錯誤　　　　　　　　(D) 以上皆是

    解答 (A) 語法錯誤

MEMO

Chapter 2

一次搞懂 C 的資料處理與型態

電腦主要的功能就是強大的運算能力，當外界將所得到的資料輸入電腦，並透過程式來進行運算，最後再輸出所要的結果。當程式執行時，外界的資料進入電腦後，當然要有個棲身之處，這時系統就會撥一個記憶空間給這份資料，而在 C 程式中，我們所定義的變數（variable）與常數（constant）就是扮演這樣的一個角色。

變數就是程式中用來存放資料的地方

變數與常數主要是用來儲存程式中的資料，以提供程式進行各種運算之用。不論是變數或常數，必須事先宣告一個對應的資料型態（data type），並會在記憶體中保留一塊區域供其使用。兩者之間最大的差別在於變數的值是可以改變，而常數的值則固定不變。如下圖所示：

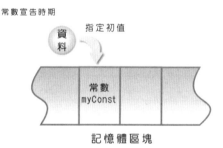

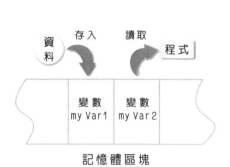

我們可以把電腦的主記憶體想像成一座豪華旅館，而外部資料就當成來住房的旅客，旅館的房間有不同的等級，就像是屬於不同的資料型態一般，最貴的等級價格自然高，不過房間也較大，就像是有些資料型態所佔的位元組較多。

電腦主記憶體就像是一座豪華旅館

2-1 認識變數

變數（Variable）是任何程式語言中不可或缺的部份，代表可變動資料的儲存記憶空間。變數宣告的作用在告知電腦，這個變數需要多少的記憶空間。由於 C 語言是屬於一種強制型態式（strongly typed）語言，在 C 語言中，所有的變數一定要先經過宣告才能夠使用，而且必須以資料型態來作為宣告變數的依據及設定變數名稱。基本上，變數具備了四個形成要素：

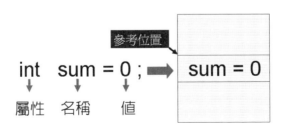

① 名稱：變數本身在程式中的名字，必須符合 C 中識別字的命名規則及可讀性。

② 值：程式中變數所賦予的值。

③ 參考位置：變數在記憶體中儲存的位置。

④ 屬性：變數在程式的資料型態，如所謂的整數、浮點數或字元。

2-1-1 識別字命名原則

在 C 語言的程式碼中我們所看到的代號，通常不是識別字（identifier）就是關鍵字（keyword）。在真實世界中，每個人、事、物都有一個名稱，程式設計也不例外，識別字包括了變數、常數、函數、結構、聯合、函數、列舉等代號（由英文大小寫字母、數字或底線組合而成），例如在 helloworld 範例中如 no、printf、system 都屬於一種識別字。

關鍵字為具有語法功能的保留字，任何程式設計師自行定義的識別字都不能與關鍵字相同，在 ANSI C 中共定義有如下表所示的 32 個關鍵字，在 Dev C++ 會以粗黑體字來顯示關鍵字，如 helloworld 程式中的 int、void、return 則是關鍵字：

auto	break	case	char
const	continue	default	do
double	else	enum	extern
float	for	goto	if
int	long	register	return
short	signed	sizeof	static
struct	switch	typedef	union
unsigned	void	volatile	while

基本上，變數名稱都是由程式設計者所自行定義，為了考慮到程式的可讀性，最好儘量以符合變數所賦予的功能與意義來命名。例如總和取名為「sum」，薪資取名為「salary」等。特別是當程式規模越大時，越顯得重要。由於變數是屬於識別字的一種，必須遵守以下基本規則：

① 識別字名稱開頭可以是英文字母或底線，但不可以是數字，名稱中間也不可以有空白。

② 識別字名稱中間可以有下底線，例如 int_age，但是不可以使用 -,*$@…等符號。

③ 識別字名稱長度不可超過 127 個字元，另外根據 ANSI C 標準，變數名稱只有前面 63 個字元是被視為有效變數名稱，其餘 63 個字元以後會被捨棄。

④ 識別字名稱必須區分大小寫字母，例如 Tom 與 TOM 會視為兩個不同的變數。

⑤ 不可使用關鍵字或與內建函數名稱相同的命名。

通常為了程式可讀性，我們建議對於一般變數宣告習慣是以小寫字母開頭表示，例如 name、address 等，而常數則最好以大寫字母開頭與配合底線 "_"，如 PI、MAX_SIZE。

至於函數名稱則習慣以小寫字母開頭，如果是多個英文字組成，則其他英文字開頭字母為大寫，如 copyWord、calSalary 等。以下是合法與不合法的變數名稱比較：

合法變數名稱	不合法變數名稱
abc	@abc,5abc
_apple,Apple	dollar$,*salary
structure	struct

2-1-2 變數宣告

　　C 語言的正確變數宣告方式是由資料型態加上變數名稱與分號所構成，第一種變數宣告方式是先宣告變數，再給定初始值，第二種變數宣告方式是宣告變數的同時給定初始值，以下兩種宣告語法都合法：

```
資料型態 變數名稱 1, 變數名稱 2, …… , 變數名稱 n;
變數名稱 1= 初始值 1;
變數名稱 2= 初始值 2;
…
變數名稱 n= 初始值 n;   /* 第一種變數宣告方式 */
或
資料型態 變數名稱 1= 初始值 1, 變數名稱 2= 初始值 2,…, 變數名稱 n= 初始值 n;

/* 第二種變數宣告方式 */
```

　　例如我們宣告整數型態的變數 var1 如下：

```
int var1;
var1=100;
```

　　以上這行程式碼就類似各位到餐廳訂位，先預定 var1 的位置，為 4 個位元組的整數空間。但是這個位址上不確定是多少數值，只是先把它保留下來。一旦變數設定初始值 100 時，就會將 100 放入這 4 個位元組的整數空間。

　　以上的示範是宣告變數後，再設定值。當然也可以在宣告時，同步設定初值，語法如下：

```
資料型態 變數名稱 1= 初始值 1;
資料型態 變數名稱 2= 初始值 2;
資料型態 變數名稱 3= 初始值 3;
....
```

例如兩個變數 num1num2 宣告如下：

```
int num1=30;
int num2=77;
```

如果各位要一次宣告多個同資料型態的變數，可以利用 "," 隔開變數名稱。不過為了養成良好的程式寫作習慣，變數宣告部份最好是都放在程式碼開頭，也就是緊接在 "{" 符號後（如 main 函數或其他函數）之後宣告。例如：

```
int a,b,c;
int total =5000; /* int 為宣告整數的關鍵字 */
float x,y,z; /* float 為宣告浮點數數的關鍵字 */
int month, year=2003, day=10;
```

範例程式 **CH02_01.c** ▶ 以下範例是利用 **6** 個變數來說明兩種不同的變數宣告方式。

```
01   #include <stdio.h>
02   #include <stdlib.h>
03
04   int main(void)
05   {
06
07       int a,b,c;
08
09       a=1;
10       b=2;
11       c=3; /* 第一種變數宣告方式 */
12
13       int d=4,e=5,f=6; /* 第二種變數宣告方式 */
14
15       printf("%d %d %d\n",a,b,c);
16       printf("%d %d %d\n",d,e,f);
17
18       return 0;
19   }
```

執行結果

```
1 2 3
4 5 6

--------------------------------
Process exited after 0.1741 seconds with return value 0
請按任意鍵繼續 . . .
```

程式解說

◆ 第 7 ～ 11 行：以第一種變數宣告方式宣告了 a,b,c 三個變數，並分別指定其初始值。

◆ 第 13 行：以第二種變數宣告方式宣告了 d,e,f 三個變數，並在同一行中利用（,）號來同時宣告相同型態的多個變數，並指定各個變數的初始值（也可以不指定）。

◆ 第 15 ～ 16 行：利用 printf() 函數輸出 a,b,c,d,e,f 6 個變數的值，其中也使用到了 "%d" 格式碼，功用是做為表示以十進位整數格式來輸出相對應的變數值。

2-2 常數

C 的常數是一個固定值，也就是在程式執行的整個過程中，不能被改變的數值。例如整數常數 45、-36、10005、0，或者浮點數常數 0.56、-0.003、3.14159 等等，都算是一種字面常數（Literal Constant），如果是字元時，還必須以單引號（"）括住，如 'a'、'c'，也是一種字面常數。以下的 num 是一種變數，150 則是一種字面常數：

```
int   num;
num=num+150;
```

常數也可以如同變數宣告一般，藉由定義的語法，把某些名稱賦予固定的數值，簡單來說，也就是利用一個識別字來表示，不過在整個程式執行時，是絕對無法改變其值，我們稱為「定義常數」（Symbolic Constant），定義常數可以放在程式內的任何地方，但是一定要先宣告定義後才能使用。

C 語言中有兩種方式來定義，同識別字的命名規則，習慣上會以大寫英文字母來定義名稱，這樣不但可以增加程式的可讀性，對於程式的除錯與維護都有相當幫助。各位可以利用保留字 const 和利用巨集指令中的 #define 指令來宣告自訂常數，宣告語法如下：

```
方式1： const  資料型態  常數名稱 = 常數值 ；
方式2： #define  常數名稱  常數值
```

Tips

所謂巨集（macro），又稱為「替代指令」，主要功能是以簡單的名稱取代某些特定常數、字串或函數，善用巨集可以節省不少程式開發的時間。由於 #define 為一巨集指令，並不是指定敘述，因此不用加上「＝」與「；」。

以下兩種方式都可以在程式中定義常數：

```
const  int radius=10;
#define  PI  3.14159
```

範例程式 **CH02_02.c** ▶ 以下範例要示範如何利用巨集指令 **#define** 與 **const** 關鍵字來定義並使用「定義常數」來計算圓面積。

```
01  #include<stdio.h>
02  #include<stdlib.h>
03
04  #define PI 3.14159   /* 宣告 PI 為巨集 3.14159*/
05
```

```
06   int main()
07   {
08
09       const int radius =10;  /* 宣告圓半徑為整數常數 */=
10
11       printf("PI=%f\n",PI);/* %f 為浮點數輸出格式 */=
12       printf(" 圓的半徑為 =%d , 面積為 =%f \n",radius,PI*radius*radius);
13
14       return 0;
15   }
```

執行結果

```
PI =3.141590
圓的半徑為=10 ,面積為=314.159000

─────────────────────────────────
Process exited after 0.1997 seconds with return value 0
請按任意鍵繼續 . . .
```

程式解說

◆ 第 4 行：以巨集指令 #define 宣告 PI 為 3.14159。

◆ 第 9 行：以 const 關鍵字宣告與設定圓半徑常數 radius。

◆ 第 11 行：利用 printf() 函數輸出常數 radius 的值及直接利用 PI 與 radius 來計算圓面積值，其中使用到了 "%f" 格式碼，它的功用是做為表示以浮點數格式來輸出相對應的變數值。

2-3 基本資料型態

　　我們知道當變數宣告時，必須要先指定資料型態。由於資料型態各不相同，在儲存時所需要的容量也不一樣，必須要配給不同的空間大小來儲存。至於 C 語言的基本資料型態，可以區分為三種，分別是整數、浮點數和字元資料型態。

2-3-1 整數

　　C 語言的整數（int）跟數學上的意義相同，在 C 中的儲存方式會保留 4 個位元組（32 位元）的空間，例如 -1、-2、-100、0、1、2、1005 等。如果依據其是否帶有正負符號來劃分，可以分為「有號整數」（signed）及「無號整數」（unsigned）兩種，更可以依據資料所佔空間大小來區分，則有「短整數」（short）、「整數」（int）及「長整數」（long）三種類型。下表為 C 語言中各種整數資料型態的宣告、資料長度及數值的大小範圍：

資料型態宣告	資料長度（位元組）	最小值	最大值
short int	2	-32768	32767
signed short int	2	-32768	32767
unsigned short int	2	0	65535
int	4	-2147783648	2147483647
signed int	4	-2147783648	2147483647
unsigned int	4	0	4294967295
long int	4	-2147783648	2147483647
signed long int	4	-2147783648	2147483647
unsigned long int	4	0	4294967295

在 C 語言中各位可以使用 sizeof() 函數來顯示出各種資料型態宣告後識別字的資料長度，而這個函數就放在 stdio.h 標頭檔中。使用格式如下：

```
sizeof( 識別字名稱 );
```

此外，在各位宣告變數或常數資料型態時，可以同時設定初值及不設定初值兩種情況，而設定初值的整數表示方式，這個初始值也可以是十進位、八進位或十六進位。在 C 語言中對於八進位的表示方式，必須在數字前加上數值 0，例如 073，或表示十進位的 59，而在數字前加上「0x」（零 x）或「0X」表示 C 語言中的十六進位表示法。例如 no 變數設定為整數 80，我們可利用三種不同進位方式來表示：

```
int no=80;        /* 十進位表示法 */
int no=0120;      /* 八進位表示法 */
int no=0x50;      /* 十六進位表示法 */
```

範例程式 **CH02_03.c** ▶ 以下範例利用三種不同的數字系統來設定整數變數的初始值，各位可以觀察使用的方式及輸出後的結果。

```
01  #include <stdio.h>
02  #include <stdlib.h>
03
04  int main()
05  {
06
07      int Num=100;                /* 以十進位設定整數變數 */
08      int OctNum=0200;            /* 以八進位設定短整數變數 */
09      int HexNum=0x33f;           /* 以十六進位設定整數變數 */
10
11      printf("Num=%d\n",Num);     /* 以十進位輸出 */
12      printf("OctNum=%o\n",OctNum); /* 以八進位輸出 */
13      printf("HexNum=%x\n",HexNum); /* 以十六進位輸出 */
14
15      return 0;
16  }
```

執行結果

```
Num=100
OctNum=200
HexNum=33f

--------------------------------
Process exited after 0.1848 seconds with return value 0
請按任意鍵繼續 . . .
```

程式解說

◆ 第 12 ～ 13 行：我們又使用了兩個格式化字元 %o 與 %x，主要是用來輸出八進位與十六進位的數字，這就是格式化字元好用的地方，不過眼尖的讀者會發現執行結果中開頭的「0」或「0x」都不見了。

2-3-2 浮點數

浮點數（floating point）就是帶有小數點的數值，當程式中需要更精確的數值結果時，整數型態就不夠用了，從數學的角度來看，浮點數也就是大家口中的實數（real number），例如 1.99、387.211、0.5 等。C 的浮點數可以區分為單精度浮點數（float）和倍精度浮點數（double）兩種宣告類型，兩者間的差別就在表示的範圍大小不同：

資料型態	資料長度 （位元組）	數值範圍	說明
float	4	$1.2*10^{-38} \sim 3.4*10^{+38}$	單精度浮點數，有效位數 7 ～ 8 位數
double	8	$2.2*10^{-308} \sim 1.8*10^{+308}$	倍精度浮點數，有效位數 15 ～ 16 位數

在 C 語言中浮點數預設的資料型態為 double，因此在指定浮點常數值時，可以在數值後方加上「f」或「F」，來將數值轉換成單精度 float 型態，這樣只要用 4 位元組儲存，可以較節省記憶體。例如 3.14159F、7.8f、10000.213f。以下則是將一般變數宣告為浮點數型態的方法如下：

```
float  變數名稱;
      或
float  變數名稱 = 初始值;
double  變數名稱;
      或
double  變數名稱 = 初始值;
```

我們知道浮點數資料可以十進位或科學記號方式來表示,以下示範以這兩種表示法來將浮點數變數 num 的初始值設為 7645.8:

```
double product = 7645.8; /* 十進位表示法,設定 product 的初始值為 7645.8 */
double product = 7.6458e3; /* 科學記號表示法,設定 product 的初始值為 7645.8*/
```

我們知道從數學的角度來看,任何浮點數都可以表示成科學記號表示法,如下所示:

```
M*10ˣ
```

其中 M 稱為假數,代表此數字的有效數字,而 X 表示以 10 為基底的指數部份,稱為指數。科學記號表示法的各個數字與符號間不可有間隔,且其中「e」也可寫成大寫「E」,其後所接的數字為 10 的乘方,因此 7.6458e3 所表示的浮點數為:

$$7.6458 \times 10^3 = 7645.8$$

下表為小數點表示法與科學符號表示法的比較互換表:

小數點表示法	科學符號表示法
0.06	6e-2
-543.236	-5.432360e+02
1234.555	1.234555e+03
-51200	5.12E4
-0.0001234	-1.234E-4

範例程式 CH02_04.c ▶ 以下範例要說明浮點數的十進位或科學記號表示法間的互換，只要我們在輸出時，以格式化字元 **%f** 或 **%e** 來顯示就可達到互換的效果。

```
01   #include <stdio.h>
02   #include <stdlib.h>
03
04
05   int main()
06   {
07
08       float f1=0.654321;
09       float f2=5467.1234;
10
11       printf("f1=%f=%e\n",f1,f1);/* 分別以十進位數與科學符號方式輸出 */
12       printf("f2=%f=%e\n",f2,f2);/* 分別以十進位數與科學符號方式輸出 */
13
14       return 0;
15   }
```

執行結果

```
f1=0.654321=6.543210e-001
f2=5467.123535=5.467124e+003

------------------------------------
Process exited after 0.1848 seconds with return value 0
請按任意鍵繼續 . . .
```

程式解說

◆ 第 8 ～ 9 行：我們宣告並設定單精度浮點數 f1 與 f2 的值。

◆ 第 11 ～ 12 行：直接利用 %e 格式化字元輸出其科學記號表示法的值。各位請注意第 12 行的輸出結果，在第 9 行是設定 f1=5467.1234，但為何輸出時，f2=5467.123535，主要因素就是因為儲存精確度的問題，而輸出時多出的位數，是保留在記憶體中的殘值。

2-3-3 字元型態

字元型態包含了字母、數字、標點符號及控制符號等，在記憶體中是以整數數值的方式來儲存，每一個字元佔用 1 個位元組（8 位元）的資料長度，所以字元 ASCII 編碼的數值範圍為「0 ～ 127」之間，例如字元「A」的數值為 65、字元「0」則為 48。

Tips

ASCII（American Standard Code for Information Interchange）採用 8 位元表示不同的字元來制定電腦中的內碼，不過最左邊為核對位元，故實際上僅用到 7 個位元表示。也就是說 ASCII 碼最多只可以表示 $2^7 = 128$ 個不同的字元，可以表示大小英文字母、數字、符號及各種控制字元。

當程式中要加入一個字元符號時，必須用兩個單引號（''）將資料括起來，也可以直接使用 ASCII 碼（整數值）定義字元，如下所示：

```
char ch='A'    /* 宣告 ch 為字元變數，並指定初始值為 'A'*/
char ch=65;    /* 宣告 ch 為字元變數，並指定初始值為 65*/
```

當然各位也可以使用「\x」開頭的十六進位 ASCII 碼或「\」開頭的八進位 ASCII 碼來表示字元，例如：

```
char my_char='\x41';    /* 十六進位 ASCII 碼表示 A 字元 */
char my_char=0x41;      /* 十六進位數值表示 A 字元 */
char my_char='\101';    /*  八進位 ASCII 碼表示 A 字元 */
char my_char=0101;      /*  八進位數值表示 A 字元 */
```

雖然字元的 ASCII 值為數值，但是數字字元（如 '5'）和它相對應的 ASCII 碼是不同的，如 '5' 字元的 ASCII 是 53。當然也可以讓字元與一般的數值來進行四則運算，只不過加上的是代表此字元的 ASCII 碼的數值。例如：

```
printf("%d\n",100+'A');
printf("%d\n",100-'A');
```

由於字元 'A' 的 ASCII 碼為 65，因此上面運算後的輸出結果為 165 與 35。

對於 printf() 函數中有關字元的輸出格式化字元有兩種，利用 %c 可以輸出字元，或利用 %d 來輸出 ASCII 碼的整數值，此外字元也可以和整數進行運算，所得的結果也可以是字元或整數。

範例程式 **CH02_05.c** ▶ 以下範例是要介紹兩種字元變數宣告方式，並分別進行加法與減法運算，最後再以字元及 ASCII 碼輸出結果。

```
01   #include<stdio.h>
02   #include <stdlib.h>
03
04   int main()
05   {
06       /* 宣告字元變數 */
07       char char1='Y';/* 加上單引號 */
08       char char2=88;
09       /* 印出字元和它的 ASCII 碼 */
10
11       printf(" 字元 char1= %c 的 ASCII 碼 =%d\n",char1,char1);
12       char1=char1+32; /* 字元的運算功能 */
13       printf(" 字元 char1= %c 的 ASCII 碼 = %d\n",char1,char1);
14       /* 印出加法運算後的字元和 ASCII 碼 */
15
16       printf(" 字元 char2= %c 的 ASCII 碼 =%d\n",char2,char2);
17       char2=char2-32; /* 字元的運算功能 */
18       printf(" 字元 char2= %c 的 ASCII 碼 = %d\n",char2,char2);
19       /* 印出減法運算後的字元和 ASCII 碼 */
20
21       return 0;
22   }
```

執行結果

```
字元char1= Y 的 ASCII碼=89
字元char1= y 的 ASCII碼= 121
字元char2= X 的 ASCII碼=88
字元char2= 8 的 ASCII碼= 56

---------------------------------
Process exited after 0.1692 seconds with return value 0
請按任意鍵繼續 . . .
```

程式解說

◆ 第 7 ~ 8 行：宣告兩個字元變數 char1、char2。

◆ 第 12、17 行：則分別對字元變數 char1 與 char2 進行加法與減法運算。

◆ 第 13、18 行：則分別輸出運算的結果。

2-3-4 跳脫序列

　　「跳脫字元」（escape character）（\）功能是一種用來進行某些特殊控制功能的字元方式，格式是以反斜線開頭，以表示反斜線之後的控制字元將跳脫原來字元的意義，並代表另一個新功能，稱為「跳脫序列」（escape sequence）。之前的範例程式中所使用的 '\n'，就能將所輸出的資料換行，下面整理了 C 語言中常用的跳脫字元。如下表所示：

跳脫字元	說明	十進位 ASCII 碼	八進位 ASCII 碼	十六進位 ASCII 碼
\0	字串結束字元（Null Character）	0	0	0x00
\a	警告字元，使電腦發出嗶一聲（alarm）	7	007	0x7
\b	倒退字元（backspace），倒退一格	8	010	0x8
\t	水平跳格字元（horizontal Tab）	9	011	0x9
\n	換行字元（new line）	10	012	0xA
\v	垂直跳格字元（vertical Tab）	11	013	0xB

跳脫字元	說明	十進位 ASCII 碼	八進位 ASCII 碼	十六進位 ASCII 碼
\f	跳頁字元（form feed）	12	014	0xC
\r	返回字元（carriage return）	13	015	0xD
\"	顯示雙引號（double quote）	34	042	0x22
\'	顯示單引號（single quote）	39	047	0x27
\\	顯示反斜線（backslash）	92	0134	0x5C

範例程式 **CH02_06.c** ▶ 以下範例會告訴各位一個小技巧，就是將跳脫字元「\"」的八進位 ASCII 碼設定給 ch，再將 ch 所代表的雙引號列印出來，最後於螢幕上會顯示帶有雙引號的 " 榮欽科技 " 字樣，並且發出嗶一聲。

```
01    #include<stdio.h>
02    #include <stdlib.h>
03
04    int main()
05    {
06        /* 宣告字元變數 */
07        char ch=042;/* 雙引號的八進位 ASCII 碼 */
08        /* 印出字元和它的 ASCII 碼 */
09        printf(" 列印出八進位 042 所代表的字元符號 = %c\n",ch);
10        printf(" 雙引號的應用 ->%c 榮欽科技 %c\n",ch,ch);  /* 雙引號的應用 */
11        printf("%c",'\a');
12
13         return 0;
14    }
```

執行結果

```
列印出八進位042 所代表的字元符號= "
雙引號的應用->"榮欽科技"

-----------------------------------
Process exited after 0.1917 seconds with return value 0
請按任意鍵繼續 . . . ■
```

程式解說

- ♦ 第 7 行：以八進位 ASCII 碼宣告一個字元變數。
- ♦ 第 9 行：輸出 ch 所代表的字元 "。
- ♦ 第 10 行：雙引號的應用，輸出了 " 榮欽科技 "。
- ♦ 第 11 行：輸出警告字元（\a），發出嗶一聲。

2-4 資料型態轉換

在 C 語言的資料型態應用中，若以不同資料型態變數作運算時，往往會造成資料型態間的不一致與衝突，如果不小心處理，就會造成許多邊際效應的問題，這時候「資料型態轉換」（Data Type Coercion）功能就派上用場了。資料型態轉換功能在 C 語言中可以區分為自動型態轉換與強制型態轉換兩種。

2-4-1 自動型態轉換

一般來說，在程式執行過程中，運算式往往會使用不同型態的變數（如整數或浮點數），這時 C 編譯器會自動將變數儲存的資料，轉換成相同的資料型態再作運算。系統會依照型態數值範圍大者作為轉換的依循原則，例如整數型態會自動轉成浮點數型態，或是字元型態會轉成 short 型態的 ASCII 碼：

```
char c1;
int no;

no=no+c1; /* c1 會自動轉為 ASCII 碼 */
```

此外，如果指定敘述「=」兩邊的型態不同，會一律轉換成與左邊變數相同的型態。當然在這種情形下，要注意執行結果可能會有所改變，例如將 double 型態指定給 short 型態，可能會有遺失小數點後的精準度。以下是資料型態大小的轉換順位：

```
double  >  float  >  unsigned long  >  long  >  unsigned int  >  int
```

例如以下程式片段：

```
int i=3;
float f=5.2;
double d;

d=i+f;
```

其轉換規則如下所示：

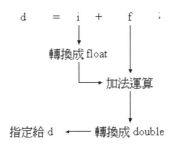

當「=」運算子左右的資料型態不相同時，是以「=」運算子左邊的資料型態為主，以上述的範例來說，指定運算子左邊的資料型態大於右邊的，所以轉換上不會有問題。相反的，如果 = 運算子左邊的資料型態小於右邊時，會發生部分的資料被捨去的狀況，例如將 float 型態指定給 int 型態，可能會有遺失小數點後的精準度。另外如果運算式使用到 char 資料型態時，在計算運算式的值時，編譯器會自動把 char 資料型態轉換為 int 資料型態，不過並不會影響變數的資料型態和長度。

2-4-2 強制型態轉換

除了由編譯器自行轉換的自動型態轉換之外，C 語言也允許使用者強制轉換資料型態。例如想利用兩個整數資料相除時，可以用強制型態轉換，暫時將整數資料轉換成浮點數型態。

如果要在運算式中強制轉換資料型態，語法如下：

（強制轉換型態名稱）　運算式或變數；

例如以下程式片段：

```
int a,b,avg;
avg=(float)(a+b)/2;/* 將 a+b 的值轉換為浮點數型態 */
double a=3.1416;

int b;
b=(int)a; /* b 的值為 3 */
```

請注意！包含轉換型態名稱的小括號，絕對不可以省略，還有當浮點數轉為整數時不會四捨五入，而是直接捨棄小數位部份。另外在指定運算子（＝）左邊的變數是不能進行強制資料型態轉換！例如：

```
(float)avg=(a+b)/2;   /* 不合法的指令 */
```

範例程式 **CH02_07.c** ▶ 以下範例我們使用強制型態轉換將浮點數轉為整數，值得一提的是被轉換的浮點數變數部份，並不會受到任何影響。

```
01  #include <stdio.h>
02  #include <stdlib.h>
03
04  int main()
05  {
```

```
06
07      int no1,no2;                   /* 宣告整數變數 no1,no2 */
08      float f1=456.78,f2=888.333;   /* 宣告浮點數變數 f1,f2*/
09
10      no1=(int)f1; /* 整數強制型態轉換 */
11      no2=(int)f2; /* 整數強制型態轉換 */
12
13      printf("no1=%d no2=%d f1=%f f2=%f \n",no1,no2,f1,f2);
14
15
16      return 0;
17   }
```

執行結果

```
no1=456 no2=888 f1=456.779999 f2=888.333008
-----------------------------------
Process exited after 0.1849 seconds with return value 0
請按任意鍵繼續 . . .
```

程式解說

◆ 第 7 ～ 8 行：宣告整數與浮點數變數。

◆ 第 10 ～ 11 行：進行整數強制型態轉換，請注意！這個包含型態名稱的小括號，可絕對不能省略。

◆ 第 13 行：輸出時，我們發現 no1 與 no2 的值是 f1 與 f2 的整數值，而且 f1 與 f2 的值並沒有受到任何四捨五入的影響，因為是直接捨去小數值。

★ 課 後 評 量

1. 何謂變數，何謂常數？

2. 變數具備了哪四個形成要素？

3. 試簡述變數命名必須遵守哪些規則？

4. 請將整數值 45 以 C 語言中的八進位與十六進位表示法表示，並簡單說明規則。

5. 如何在指定浮點常數值時，將數值轉換成 float 型態？

6. 有個個人資料輸入程式，但是無法順利編譯，編譯器指出下面這段程式碼出了問題，請指出問題的所在？

    ```
    printf(" 請輸入學號 "08004512" ：");
    ```

7. 請說明以下跳脫字元的含意？

    (A)'\t' (B)'\n' (C)'\"' (D)'\'' (e)'\\'

8. 字元資料型態在輸出入上有哪兩種選擇？

APCS 檢定考古題

1. 程式執行時，程式中的變數值是存放在哪裡？〈106 年 3 月觀念題〉

   (A) 記憶體 (B) 硬碟

   (C) 輸出入裝置 (D) 匯流排

   解答 (A) 記憶體

2. 如果 X_n 代表 X 這個數字是 n 進位，請問 $D02A_{16}$ + 5487_{10} 等於多少？

   〈105 年 10 月觀念題〉

   (A) 1100 0101 1001 1001_2 (B) 162631_8

   (C) 58787_{16} (D) $F599_{16}$

   解答 (B) 162631_8

   本題純粹是各種進位間的轉換問題，建議全部轉換成十進位，就可以
   找到正確的答案。

   $D02A_{16}+5487_{10}=(13*16^3+2*16+10)+5487=58777$

   $162631_8=1*8^5+6*8^4+2*8^3+6*8^2+3*8+1=58777$

3. 程式執行過程中，若變數發生溢位情形，其主要原因為何？〈106 年 3 月觀念題〉

   (A) 以有限數目的位元儲存變數值

   (B) 電壓不穩定

   (C) 作業系統與程式不甚相容

   (D) 變數過多導致編譯器無法完全處理

   解答 (A) 以有限數目的位元儲存變數值

   當設定變數的數值時，如果不小心超過該資料型態限定的範圍，就稱
   為溢位。

4. 下列程式碼執行後輸出結果為何？〈105 年 10 月觀念題〉

```
int a=2, b=3;
int c=4, d=5;
int val;

val = b/a + c/b + d/b;
printf ("%d\n", val);
```

(A) 3 　　　　　　(B) 4 　　　　　　(C) 5 　　　　　　(D) 6

解答 (A) 3

　　在 C 語言中整數相除的資料型態與被除數相同，因此相除後商為整數型態。因此本例 val=3/2+4/3+5/3=1+1+1=3。

Chapter

3

格式化輸出入
功能的私房密技

　　任何程式設計的目的就在於將使用者所輸入的資料，經由電腦運算處理後，再將結果另行輸出。由於 C 語言並沒有直接處理資料輸入與輸出的能力，所有相關輸入／輸出（I/O）的動作，都必須經由呼叫函數來完成，而這些標準 I/O 函數的原型宣告都放在 <stdio.h> 標頭檔中，透過這些函數可以讀取（或輸出）資料至周邊設備，雖然使用上多了一道程序，但也使得不同平台上移植程式更加方便，本章中我們將介紹常見的標準輸出入函數。

C 語言中所有輸入／輸出（I/O）的動作，都必須經由呼叫函數來達成

3-1　printf() 函數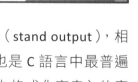

　　在 C 語言中將訊息輸出至終端機，稱之為「標準輸出」（stand output），相信大家對於 printf() 函數應該都已經不陌生了吧！其實它也是 C 語言中最普遍的輸出函數，透過格式化指定碼（format specifier）（或稱為格式化字串）的應用，可以把設計者所要輸出的構想跟格式，相當精準地呈現出來。以下將更詳細地說明這個函數，printf() 函數原型如下表所列：

函數原型	功能與說明
printf（char* 字串）	直接輸出字串
printf（char* 格式化字串 , 引數列）	格式化字串中含有格式化字元，並對應引數列資料，再將資料依序輸出

在 printf() 函數中的引數列，可以是變數、常數或是運算式的組合，而每一個引數列中的項目，只要對應到格式化字串中以 % 字元開頭的格式化字元，就可以出現如預期的輸出效果。例如：

```
printf("一個包子要%d元,媽媽買了%d個,一共花了%d元\n",price,no,no*price);
```

例如這個 " 一個包子要 %d 元 , 媽媽買了 %d 個 , 一共花了 %d 元 \n"，就是格式化字串，裡面包括了 3 個 %d 的格式化字元，引數列中則有 price、no、no*price3 個項目。

3-1-1 格式化字元

格式化字元是在控制輸出格式中唯一不可省略的項目，如果想要將 prinf() 函數的功能發揮得淋漓盡致，當然對格式化字元的了解就顯得格外重要了。原則就是要顯示的是什麼資料型態，就必須搭配對應資料型態的格式化字元。下表中為各位整理出最常用的格式化字元，以作為日後在設計輸出格式時參考之用：

格式化字元	說明
%c	輸出字元
%s	輸出字元陣列或字元指標所指的字串資料
%d	輸出十進位數
%u	輸出不含符號的十進位整數值
%o	輸出八進位數
%x	輸出十六進位數，超過 10 的數字以小寫字母表示
%X	輸出十六進位數，超過 10 的數字以大寫字母表示
%f	輸出浮點數
%e	使用科學記號表示法，例如 3.14e+05
%E	使用科學記號表示法，例如 3.14E+05（使用大寫 E）
%g、%G	也是輸出浮點數，不過會比輸出 %e 與 %f 長度較短
%p	輸出指標數值。依系統位元數決定輸出數值長度
%%	輸出的內容帶有 % 符號

範例程式 **CH03_01.c** ▶ 以下範例我們將一個十進位整數變數 Value，直接利用不同的格式化字元，將輸出結果轉為八進位與十六進位數表示。

```c
01  #include <stdio.h>
02  #include <stdlib.h>
03
04  int main()
05  {
06      int Value=138;
07
08      printf("Value 的八進位數 =%o\n",Value); /* 以 %o 格式化字元輸出 */
09      printf("Value 的十六進位數 =%x\n",Value); /* 以 %x 格式化字元輸出 */
10      printf("Value 的十六進位數 =%X\n",Value); /* 以 %X 格式化字元輸出 */
11
12      return 0;
13  }
```

執行結果

```
Value的八進位數=212
Value的十六進位數=8a
Value的十六進位數=8A

-----------------------------------
Process exited after 0.1714 seconds with return value 0
請按任意鍵繼續 . . .
```

程式解說

◆ 第 6 行：宣告並設定一個十進位整數 Value。

◆ 第 8 行：以 %o 輸出其八進位表示法。

◆ 第 9 ～ 10 行：分別以 %x 與 %X 輸出其十六進位小寫與大寫表示法。

百分比符號「%」是輸出時常用的符號,不過不能直接使用,因為會與格式化字元(如 %d)相衝突,如果要顯示 % 符號,必須使用 %% 方式。例如以下指令:printf (" 百分比:%3.2f\%%\n",(i/j) *100)。

3-1-2 欄寬設定功能

在資料輸出時,透過格式化字元的欄寬設定,還可以達到在螢幕對齊效果,讓資料在閱讀上能夠更加整齊清楚。當各位要設定欄寬時,可以將預備設定的欄寬數值,放置於格式化字元之前。語法如下所示:

```
%[width] 格式化字元
```

其中 width 是用來指定使用多少欄位寬度的輸出整數,例如 %5d 就是表示以 5 個欄位寬度來輸出十進位整數。如果設定欄寬後,當資料輸出時,以欄寬值為該資料之長度靠右顯示,當設定欄寬小於欲顯示資料長度,則資料仍會依照原本長度靠右顯示,不過如果欄寬值大於欲顯示的資料長度,就會自動填入空白。

範例程式 **CH03_02.c** ▶ 以下範例我們宣告一個四位整數變數 **no**,並且利用不同的欄寬設定值來輸出十進位整數,對於控制輸出時的樣式與彼此間距的了解有很大幫助。

```c
01  #include <stdio.h>
02  #include <stdlib.h>
03
04  int main()
05  {
06      int no=1234;
07
```

```
08        printf("no=%d\n",no);
09        printf("no=%6d\n",no);/* 欄寬設定為 6 */
10        printf("no=%8d\n",no);/* 欄寬設定為 8 */
11        printf("no=%2d\n",no);/* 欄寬設定值小於原本的顯示字元數 */
12
13        return 0;
14  }
```

執行結果

```
no=1234
no=  1234
no=    1234
no=1234

--------------------------------
Process exited after 0.1832 seconds with return value 0
請按任意鍵繼續 . . . ■
```

程式解說

◆ 第 6 行：宣告一個十進位的四位整數。

◆ 第 8 行：直接以 %d 格式化字元輸出，所以會靠右對齊，與「=」間沒有空格。

◆ 第 9 行：設定欄寬為 6 個欄位，由於 no 只有四位數，所以輸出時會向右退二格，與「=」間有 2 個空格。

◆ 第 10 行：設定欄寬為 8 個欄位，所以輸出時會向右退四格，與「=」間有 4 個空格。

◆ 第 11 行：由於欄寬設定值小於原本的顯示字元數，所以和 %d 的輸出結果一致。

3-1-3 精度設定功能

透過精度設定，就可以使數值資料輸出時，依照精度所指定的精確位數輸出。語法格式與欄寬設定類似，但須多加一個小數點「.」，也就是小數點後加上數字，該數字即為精度。如下所示：

```
%[.precision] 格式化字元
```

無論是數值或字串，精度也可以搭配欄寬來一起設定，各位也可以指定輸出時，至少要預留的字元寬度，如下所示：

```
%[width][.precision] 格式化字元
```

例如「%6.2f」表示輸出浮點數時，含小數點共六位，但小數位數只有兩位。而「%4.3d」是表示輸出整數時，以 4 個欄位寬度來輸出十進位整數，並且設定精度 3 個欄位。如果欄寬值大於欲顯示的資料長度，就會自動填入空白，否則以原資料長度輸出。此外，當精度設定值大於欲輸出的整數位數時，於數值前補足位數，不足數補 0，如果小於欲輸出的整數位數時，正常輸出資料。

範例程式 **CH03_03.c** ▶ 對於整數精度設定的原則，是當精度設定值大於欲輸出的整數位數時，於數值前補足位數，不足數補 **0**。如果小於欲輸出的整數位數時，正常輸出資料。在此程式範例中，將分別進行不同的精度設定，大家可以觀察其中的差異。

```
01  #include <stdio.h>
02  #include <stdlib.h>
03
04  int main()
05  {
06      int no=1234;
07
08      printf("no=%d\n",no);
```

```
09        printf("no=%.6d\n",no);/* 精度設定為 .6 */
10        printf("no=%.8d\n",no);/* 精度設定為 .8 */
11        printf("no=%.2d\n",no);/* 精度設定值小於原本的顯示字元數 */
12        printf("no=%8.2d\n",no);/* 8 表示預留 8 個字元寬度 */
13
14        return 0;
15    }
```

執行結果

```
no=1234
no=001234
no=00001234
no=1234
no=    1234
_____
Process exited after 0.2069 seconds with return value 0
請按任意鍵繼續 . . .
```

程式解說

- 第 9 行：設定整數輸出的精度為 6，由於 no 只有四位數，所以輸出時會向右退二格，與「=」間補上 2 個 0。

- 第 10 行：設定整數輸出的精度為 8，所以輸出時會向右退 4 格，與「=」間補上 4 個 0。

- 第 11 行：精度設定值小於原本的顯示字數，就不會產生任何影響，如同沒有設定一般。

- 第 12 行：整數 8 表示預留 8 個字元寬度，不足的部份要由空白字元補上，1234 只佔六個字元，所以前面補上四個空白字元。

Tips

旗標設定功能主要是利用如 '+'、'-' 字元等指定輸出格式，來作為正負號顯示、資料對齊方式及格式符號等。例如當各位使用正號（+），輸出靠右，同時顯示數值的正負號，如果使用負號（-），則輸出靠左對齊。

3-2 scanf() 函數

如果打算取得使用者的輸入,則可以使用「標準輸入」(Standard Input)的 scanf() 函數,透過 scanf() 函數可以經由標準輸入設備(鍵盤),把使用者所輸入的數值、字元或字串傳送給指定的變數。scanf() 函數是 C 語言中最常用的輸入函數,使用方法與 printf() 函數十分類似,也是定義在 stdio.h 標頭檔中,以下會詳細為各位說明。

3-2-1 格式化字元

scanf() 函數也可以配合以 % 字元開頭格式化字元(format specifier),如果輸入的數值為整數,則使用格式化字元 %d,或者輸入的是其他資料型態,則必須使用對應的格式化字元。不過與 printf() 函數的最大不同點,是必須傳入變數位址作參數,引數列中每個變數前要加上 &(取址運算子)將變數位址傳入。scanf() 函數的語法原型,如下所示:

```
scanf(char* 格式化字串 , 引數列 );
```

例如各位輸入連續 3 個數值,並且都以 %d 格式化字元讀取,則 scanf() 函數會依照順序將所讀取的數值,寫入到對應的變數中,如下所示:

```
scanf("%d%d%d", &N1, &N2,&N3);
```

Tips

請注意! scanf() 函數讀取數值資料不區分英文字母的大小寫,所以使用 %X 與 %x 會得到相同的輸入結果(%e 與 %E 亦同),還有如果輸入的是 double 型態,則需要使用 %lf 來作為格式化字元。

範例程式 **CH03_04.c** ▶ 以下範例利用 **scanf()** 函數，讓使用者由螢幕輸入兩筆資料，並且輸出這兩數的和。各位務必記得在 **scanf()** 函數中要加上「**&**」號，這可是很多人經常會疏忽的錯誤。

```c
01   #include <stdio.h>
02   #include <stdlib.h>
03
04   int main()
05   {
06       float no1,no2;
07
08       scanf("%f%f",&no1,&no2);/* 輸入兩個浮點數變數的值 */
09       printf("%f\n",no1+no2); /* 計算出兩數的和 */
10
11       return 0;
12   }
```

執行結果

```
65.4 89.5
154.899994

------------------------------------
Process exited after 8.861 seconds with return value 0
請按任意鍵繼續 . . .
```

程式解說

◆ 第 6 行：宣告兩個浮點數 no1 與 no2。

◆ 第 8 行：因為要輸入兩個單精度浮點數，所以格式化字串中用了兩個格式化字元 %f。

◆ 第 9 行：直接輸出兩數的和。

3-2-2 欄寬設定功能

欄寬設定是很實用的功能，當利用 scanf() 函數讀取資料時，透過欄寬設定，可以依照所設定的欄寬值為長度來分段讀取資料。通常運用於使用者一次輸入整筆資料，但為了運算方便，可將該筆資料作一定長度的切割，並分別儲存於不同變數。

範例程式 **CH03_05.c** ▶ 以下範例是說明利用 scanf() 函數讀取資料時，透過欄寬設定功能，也可以依照所設定的欄寬值來分段讀取所輸入的整數資料。

```
01  #include <stdio.h>
02  #include <stdlib.h>
03
04  int main()
05  {
06      int first,last;
07
08      printf(" 請輸入 9 個數字 :");
09      scanf("%4d%5d",&first,&last);
10      /* 將這個整數切為四位數與五位數 */
11      printf(" 第一個數字為 :%d\n",first);
12      printf(" 第二個數字為 :%d\n",last);
13      printf(" 兩者的和為 :%d\n",first+last); /* 計算兩者的數字和 */
14
15      return 0;
16  }
```

執行結果

```
請輸入9個數字:123456789
第一個數字為:1234
第二個數字為:56789
兩者的和為:58023

------------------------------------
Process exited after 3.346 seconds with return value 0
請按任意鍵繼續 . . . ■
```

程式解說

- 第 8 行：將輸入的數值，分別以 4 位數與 5 位數的整數值來讀取與儲存。
- 第 11 行：輸出此 4 位數。
- 第 12 行：輸出此 5 位數。
- 第 13 行：計算兩者的數字總和。

3-3 其他輸出輸入函數

　　除了 print() 函數與 scanf() 函數扮演了 C 語言中最重要的輸出入功能外，本節中還要介紹 C 函數庫中所提供的其他字元與字串輸出及輸入函數，它們的原型也都定義在 stdio.h 標頭檔中，包括 getchar() 函數、putchar() 函數、getche() 函數、getch() 函數等。

3-3-1 getchar() 函數與 putchar() 函數

　　getchar() 函數的功用是讓程式停留在該處，等到使用者從鍵盤輸入一個字元，並按下 Enter 鍵後，才會開始接收及讀取第一個字元。語法格式如下：

```
char 字元變數
字元變數 =getchar();
```

　　至於 putchar() 函數的功能正好相反，可用來將指定的單一字元輸出到螢幕上。語法格式如下：

```
putchar(字元變數);
```

　　如果輸入超過一個字元，其他字元將會被忽略，繼續保留在緩衝區中，等待下一個讀取字元或字串函數的讀入。

範例程式 **CH03_06.c** ▶ 以下範例將簡單示範 **getchar()** 函數與 **putchar()** 函數的正確使用方法，並利用 **putchar()** 函數來輸出跳脫字元（**\n**）。

```c
01   #include <stdio.h>
02   #include <stdlib.h>
03
04   int main()
05   {
06       char c1;/* 宣告一個字元變數 */
07
08       c1=getchar();
09       printf(" 剛剛輸入的字元是 :");
10       putchar(c1);
11       putchar('\n');/* 利用 putchar() 來達到跳脫序列的功能 */
12
13       return 0;
14   }
```

執行結果

```
p
剛剛輸入的字元是:p

------------------------------------
Process exited after 4.62 seconds with return value 0
請按任意鍵繼續 . . .
```

程式解說

◆ 第 8 行：讀入第一個輸入的字元，輸入完畢後記得按下 Enter 鍵，就會把這字元儲存到 c1 中。

- 第 10 行：以 printf() 函數輸出 c1 字元。

- 第 11 行：利用 putchar() 來達到跳脫序列中換行的功能。

3-3-2　getche() 函數與 getch() 函數

getche() 函數與 getch() 函數的功能與 getchar() 函數類似，都可用來讀取一個字元，最大不同之處是 getchar() 函數需要按下 Enter 鍵後，才表示結束字元的輸入動作。getche() 函數與 getch() 函數都只要使用者輸入字元，就會立刻讀取，不需要等待輸入 Enter 鍵。通常應用於程式中只需使用者輸入一個字元，即可直接往下繼續執行，例如在程式碼中有「按任一鍵繼續 ..Y/N」等情況。

這兩個函數間的唯一差別是 getch() 函數不會將所輸入的字元顯示到螢幕上，但是 getche() 函數會在螢幕上回應（echo）讀入的字元，也就是立刻顯示在螢幕上。語法格式如下：

```
字元變數 =getche(); /* 顯示輸出的字元 */
字元變數 =getch();  /* 不會顯示輸出的字元 */
```

範例程式 **CH03_07.c** ▶ 以下範例將說明利用 getceh() 與 getch() 函數讀取字元間的差異，請注意輸入字元後，螢幕上的顯示狀況。

```
01  #include <stdio.h>
02  #include <stdlib.h>
03
04  int main()
05  {
06      char c1,c2;  /* 定義字元變數 c1,c2 */
07
08      printf(" 按任一鍵繼續 (getche())...");
09      c1=getche();/* 使用 getche() 輸入字元 */
10      printf("  輸入的字元 :%c\n",c1);
11      printf("\n");
```

```
12
13      printf(" 按任一鍵繼續 (getch())...");
14      c2=getch();/* 使用 getche() 輸入字元 */
15      printf(" 　輸入的字元:%c\n",c2);
16      printf("\n");
17
18
19      return 0;
20  }
```

執行結果

```
按任一鍵繼續(getche())...y   輸入的字元:y

按任一鍵繼續(getch())...   輸入的字元:n


--------------------------------
Process exited after 3.195 seconds with return value 0
請按任意鍵繼續 . . .
```

程式解說

◆ 第 6 行：宣告並定義字元變數 c1、c2。

◆ 第 9 行：使用 getche() 輸入字元，當各位輸入任一字元後，即可自動往下執行，還會將輸入的字元顯示到螢幕上。

◆ 第 14 行：使用 getch() 函數輸入字元，仔細看，它並不會將你所輸入的字元顯示在螢幕上。

★ 課後評量

1. 以下是 C 程式碼片段，包含了 scanf() 函數：

    ```c
    int a,b,c;
    scanf("%d,%d,%d",&a,&b,&c);
    printf("%d %d %d\n",a,b,c);
    ```

    請問當輸入資料時，能否如以下的方式輸入？試說明原因。

    ```
    87 176 65
    ```

2. 請問以下程式碼的輸出結果為何？

    ```c
    printf("\"\\n 是一種跳行字元 \"\n");
    ```

3. 以下為一完整程式碼，程式編譯成功沒有錯誤，但是執行時卻出現錯誤訊息，請檢查程式哪個地方有問題？

    ```c
    01  #include <stdio.h>
    02  int main(void)
    03  {
    04      int height;
    05      printf(" 請輸入體重 : ");
    06      scanf("%d", weight);
    07      printf(" 您的身高為 %d ", weight);
    08      return 0;
    09  }
    ```

4. 在以下程式片段中：

```
scanf("%d",&num);
printf("num=%d\n",num);
```

如果輸入 "7654abcd" 字串，請問列印出來的 num 值為何？

5. 請設計一段 printf() 函數程式碼來列印以下字串：

```
'榮欽科技的網址是 www.zct.com.tw'
```

6. 試比較 getche() 與 getch() 函數有何差別？

APCS 檢定考古題

1. 下列程式碼是自動計算找零程式的一部分，程式碼中三個主要變數分別為 Total（購買總額），Paid（實際支付金額），Change（找零金額）。但是此程式片段有冗餘的程式碼，請找出冗餘程式碼的區塊。〈105 年 10 月觀念題〉

```c
int Total, Paid, Change;
  ...
Change = Paid - Total;
printf ("500 : %d pieces\n", (Change-Change%500)/500);
Change = Change % 500;
printf ("100 : %d coins\n", (Change-Change%100)/100);
Change = Change % 100;
// A 區
printf ("50 : %d coins\n", (Change-Change%50)/50);
Change = Change % 50;
// B 區
printf ("10 : %d coins\n", (Change-Change%10)/10);
Change = Change % 10;
// C 區
printf ("5 : %d coins\n", (Change-Change%5)/5);
Change = Change % 5;
// D 區
printf ("1 : %d coins\n", (Change-Change%1)/1);
Change = Change % 1;
```

(A) 冗餘程式碼在 A 區

(B) 冗餘程式碼在 B 區

(C) 冗餘程式碼在 C 區

(D) 冗餘程式碼在 D 區

解答 (D) 冗餘程式碼在 D 區

輕鬆玩轉運算子與運算式

精確快速的計算能力稱得上是電腦最重要的能力之一，而這些就是透過程式語言的各種指令來達成，而指令的基本單位是運算式與運算子。運算式就像平常所用的數學公式一樣，是由運算子（operator）與運算元（operand）所組成。其中 =、+、* 及 / 符號稱為運算子，而變數 A、x、c 及常數 10、3 都屬於運算元。例如以下為 C 的一個運算式：

電腦的運算能力是由運算式與運算子組合而成

```
x=100*2y-a+0.7*3*c;
```

在 C 語言中，運算元可以包括了常數、變數、函數呼叫或其他運算式，而運算子的種類相當多，有指派運算子、算術運算子、比較運算子、邏輯運算子、遞增遞減運算子，以及位元運算子等六種。

4-1 運算式

在程式語言的領域中，如果依據運算子在運算式中的位置，可區分以下三種表示法：

① 中序法（Infix）：運算子在兩個運算元中間，例如 A+B、(A+B)*(C+D) 等都是中序表示法。

② 前序法（Prefix）：運算子在運算元的前面，例如 +AB、*+AB+CD 等都是前序表示法。

③ 後序法（Postfix）運算子在運算元的後面，例如 AB+、AB+CD+* 等都是後序表示法。

對於 C 語言的運算式，我們所使用的是中序法，這也包括了運算子的優先權與結合性的問題，C 語言的運算式如果依照運算子處理運算元的個數不同，可以區分成「一元運算式」、「二元運算式」及「三元運算式」等三種。以下我們簡單介紹這些運算式的特性與範例：

- **一元運算式**：由一元運算子所組成的運算式，在運算子左側或右側僅有一個運算元。例如 -100（負數）、tmp--（遞減）、sum++（遞增）等。

- **二元運算式**：由二元運算子所組成的運算式，在運算子兩側都有運算元。例如 A+B（加）、A=10（等於）、x+=y（遞增等於）等。

- **三元運算式**：由三元運算子所組成的運算式。由於此類型的運算子僅有「:?」（條件）運算子，因此三元運算式又稱為「條件運算式」。例如 a>b ? 'Y':'N'。

4-2 運算子優先權

在尚未正式介紹運算子之前，我們先來認識運算子的優先權（priority）。

一個運算式中往往包含了許多運算子，如何來安排彼此間執行的先後順序，就需要依據優先權來建立運算規則了。記得小時候我們在數學課時，最先背誦的口訣就是「先乘除，後加減」，這就是優先權的基本概念。

先乘除，後加減就是優先權本概念

當我們遇到有一個以上運算子的運算式時，首先要區分出運算子與運算元。接下來就依照運算子的優先順序作整理，當然也可利用「()」括號來改變優先順序。最後由左至右考慮到運算子的結合性（associativity），也就是遇到相同優先等級的運算子應由最左邊的運算元開始處理。以下是 C 語言中各種運算子計算的優先順序：

運算子優先順序	說明
()	括號，由左至右
[]	方括號，由左至右
! - ++ --	邏輯運算 NOT 負號 遞增運算 遞減運算，由右至左
～	位元邏輯運算子，由右至左
++、--	遞增與遞減運算子，由右至左
* / %	乘法運算 除法運算 餘數運算，由左至右
+ -	加法運算 減法運算，由左至右
<< >>	位元左移運算 位元右移運算，由左至右
> >= < <=	比較運算，大於 比較運算，大於等於 比較運算，小於 比較運算，小於等於
== !=	比較運算等於 比較運算不等於，由左至右
& ^ |	位元運算 AND，由左至右 位元運算 XOR 位元運算 OR，由左至右

運算子優先順序	說明
&&	邏輯運算 AND
||	邏輯運算 OR，由左至右
?:	條件運算子，由右至左
=	指定運算，由右至左

4-3 運算子簡介

　　運算式組成了各種快速計算的成果，而運算子就是各種運算舞臺上的演員。C 運算子的種類相當多，分門別類的執行各種計算功能，例如指派運算子、算術運算子、比較運算子、邏輯運算子、遞增遞減運算子，以及位元運算子等。

4-3-1 指定運算子

　　記得早期初學電腦時，最不能理解的就是等號「=」在程式語言中的意義。例如我們常看到下面這樣的指令：

```
sum=5;
sum=sum+1;
```

　　以往我們總是認為那是一種相等或等於的觀念，那 sum=5 還說得通，至於 sum=sum+1 這道指令，可就讓人一頭霧水了！其實「=」主要是當做「指定」（assign）的功能，在 C 語言中「=」符號稱為指定運算子（assignment operator），由至少兩個運算元組成，主要作用是將等號右方的值指派給等號左方的變數。以下是指定運算子的使用方式：

```
變數名稱 = 指定值 或 運算式；
```

在指定運算子（=）右側可以是常數、變數或運算式，最終都會將值指定給左側的變數；而運算子左側也僅能是變數，不能是數值、函數或運算式等。例如：

```
a=5;
b=a+3;
c=a*0.5+7*3;
x-y=z;   /* 不合法的語法，運算子左側只能是變數 */
```

C 的指定運算子除了一次指定一個數值給變數外，還能夠同時指定同一個數值給多個變數。例如：

```
int a,b,c;
a=b=c=100;          /* 同步指定值給不同變數 */
```

此時運算式的執行過程會由右至左，也就是變數 a、b 及 c 的內容值都是 100。

4-3-2 算術運算子

算術運算子（Arithmetic Operator）是最常用的運算子類型，主要包含了數學運算中的四則運算，以及遞增、遞減、正 / 負數等運算子。算術運算子的符號、名稱與使用語法如下表所示：

運算子	說明	使用語法	執行結果（A=25,B=7）
+	加	A + B	25+7=32
-	減	A - B	25-7=18
*	乘	A * B	25*7=175
/	除	A / B	25/7=3
%	取餘數	A % B	25%7=4
+	正號	+A	+25
-	負號	-B	-7

　　+-*/ 運算子與我們常用的數學運算方法相同，優先順序為「先乘除後加減」。而正負號運算子主要表示運算元的正 / 負值，通常設定常數為正數時可以省略 + 號，例如「a=5」與「a=+5」意義是相同的。而負號的作用除了表示常數為負數外，也可以使得原來為負數的數值變成正數。餘數運算子「%」則是計算兩個運算元相除後的餘數，而且這兩個運算元必須為整數、短整數或長整數型態。例如：

```
int a=29,b=8;
printf("%d",a%b);  /* 執行結果為 5*/
```

範例程式 CH04_01.c ▶ 以下範例是餘數運算子的實作，不過 % 運算子兩端的兩個運算元都必須是整數，請求取 125 對 4、5、6 的餘數運算。

```
01  #include <stdio.h>
02  #include <stdlib.h>
03
04  int main()
05  {
06      int a=125;
07
08      printf("%d%%4=%d\n",a,a%4);/* 輸出 125%4 */
09      printf("%d%%5=%d\n",a,a%5); /* 輸出 125%5 */
10      printf("%d%%6=%d\n",a,a%6); /* 輸出 125%6 */
11
12      return 0;
13  }
```

執行結果

```
125%4=1
125%5=0
125%6=5

_____
Process exited after 0.2315 seconds with return value 0
請按任意鍵繼續 . . . ■
```

程式解說

- 第 8 行：當 125 除以 4 時，餘數為 1。
- 第 9 行：125 除以 5 時，餘數正好為 0。
- 第 10 行：除以 6 時，餘數正好為 5。

4-3-3 關係運算子

關係運算子主要是在比較兩個數值之間的大小關係，當使用關係運算子時，所運算的結果就是成立或者不成立兩種。狀況成立，稱之為「真（True）」，狀況不成立，則稱之為「假（False）」。

在 C 語言中並沒有特別的資料型態來代表 False 或 True（C++ 中則有所謂布林型態）。因此 False 是用數值 0 來表示，其他所有非 0 的數值，則表示 True（通常會以數值 1 表示）。關係比較運算子共有六種，如下表所示：

關係運算子	功能說明	用法	A=15，B=2
>	大於	A>B	15>2，結果為 true(1)
<	小於	A<B	15<2，結果為 false(0)
>=	大於等於	A>=B	15>=2，結果為 true(1)
<=	小於等於	A<=B	15<=2，結果為 false(0)
==	等於	A==B	15==2，結果為 false(0)
!=	不等於	A!=B	15!=2，結果為 true(1)

範例程式 CH04_02.c ▶ 以下範例是輸出兩個整數變數與各種關係運算子間的真值表，以 0 表示結果為假，1 表示結果為真。

```
01  #include<stdio.h>
02  #include<stdlib.h>
03
```

```
04   int main()
05   {
06       int a=19,b=13;  /* 宣告兩個整數變數 */
07       /* 比較運算子運算關係 */
08       printf("a=%d b=%d \n",a,b);
09       printf("------------------------------\n");
10       printf("a>b, 比較結果為 %d 值 \n",a>b);
11       printf("a<b, 比較結果為 %d 值 \n",a<b);
12       printf("a>=b, 比較結果為 %d 值 \n",a>=b);
13       printf("a<=b, 比較結果為 %d 值 \n",a<=b);
14       printf("a==b, 比較結果為 %d 值 \n",a==b);
15       printf("a!=b, 比較結果為 %d 值 \n",a!=b);
16
17       return 0;
18   }
```

執行結果

```
a=19 b=13
------------------------------
a>b,比較結果為 1 值
a<b,比較結果為 0 值
a>=b,比較結果為 1 值
a<=b,比較結果為 0 值
a==b,比較結果為 0 值
a!=b,比較結果為 1 值

------------------------------
Process exited after 0.2362 seconds with return value 0
請按任意鍵繼續 . . .
```

程式解說

◆ 第 6 行：宣告 a,b 的值。

◆ 第 10 ～ 15 行：我們分別輸出 a、b 與關係運算子的比較結果，真時顯示為 1，假時則顯示為 0。

4-3-4 邏輯運算子

邏輯運算子也是運用在邏輯判斷的時候，可控制程式的流程，通常是用在兩個表示式之間的關係判斷，經常與關係運算子合用，僅有「真（True）」與「假（False）」兩種值，並且分別可輸出數值「1」與「0」。C 語言中的邏輯運算子共有三種，如下表所示：

運算子	功能	用法
&&	AND	a>b && a<c
||	OR	a>b || a<c
!	NOT	!(a>b)

&& 運算子

當 && 運算子 (AND) 兩邊的運算式皆為真 (1) 時，其執行結果才為真 (1)，任何一邊為假 (0) 時，執行結果都為假 (0)。真值表如下：

&& 邏輯運算子		A	
		1	0
B	1	1	0
	0	0	0

|| 運算子

當 || 運算子 (OR) 兩邊的運算式，只要其中一邊為真 (1) 時，執行結果就為真 (1)。真值表如下：

|| 邏輯運算子		A	
		1	0
B	1	1	1
	0	1	0

! 運算子

! 運算子 (NOT) 是一元運算子，它會將比較運算式的結果做反相輸出，也就是傳回與運算元相反的值。真值表如下：

A	1	0
! 運算子	0	1

在此還要提醒各位，邏輯運算子也可以連續使用，例如：

```
a<b && b<c || c>a
```

當各位連續使用邏輯運算子時，它的計算順序為由左至右，也就是先計算「a<b && b<c」，然後再將結果與「c>a」進行 OR 的運算。

範例程式 **CH04_03.c** ▶ 以下範例是輸出三個整數與邏輯運算子相互關係的真值表，請特別留意運算子間的交互運算規則及優先次序。

```
01  #include <stdio.h>
02  #include <stdlib.h>
03
04  int main()
05  {
06
07      int a=3,b=5,c=7;          /* 宣告 a、b 及 c 三個整數變數 */
08
09      printf("a= %d b= %d c= %d\n",a,b,c);
10      printf("===============================\n");
11
12      printf("a<b && b<c||c<a = %d\n",a<b&&b<c||c<a);
13      printf("!(a==b)&&(!a<b) = %d\n",!(a==b)&&(!a<b));
14       /* 包含關係與邏輯運算子的運算式求值 */
15
16      return 0;
17  }
```

執行結果

```
a= 3 b= 5 c= 7
=================================
a<b && b<c||c<a = 1
!(a==b)&&(!a<b) = 1

------------------------------------
Process exited after 0.2012 seconds with return value 0
請按任意鍵繼續 . . .
```

程式解說

◆ 第 7 行：宣告 a、b 及 c 三個整數變數，並設定不同的值。

◆ 第 12 行：當連續使用邏輯運算子時，它的計算順序為由左至右，也就是先計算「a<b && b<c」，然後再將結果與「c<a」進行 OR 的運算。

◆ 第 13 行：由括號內先進行，再由左而右依序進行。

4-3-5 位元邏輯運算子

位元邏輯運算子和我們上節所提的邏輯運算子並不相同，邏輯運算子是對整個數值做判斷，而位元邏輯運算子則是特別針對整數中的位元值做計算。C 語言中提供有四種位元邏輯運算子，分別是 & (AND)、| (OR)、^ (XOR) 與 ~ (NOT)：

& （AND）

執行 AND 運算時，對應的兩字元都為 1 時，運算結果才為 1，否則為 0。例如：a=12，則 a&38 得到的結果為 4，因為 12 的二進位表示法為 1100，38 的二進位表示法為 0110，兩者執行 AND 運算後，結果為十進位的 4。如下圖所示：

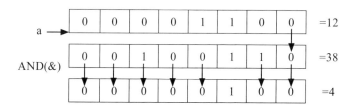

🎵 |（OR）

執行 OR 運算時，對應的兩字元只要任一字元為 1 時，運算結果為 1，也就是只有兩字元都為 0 時，才為 0。例如 a=12，則 a|38 得到的結果為 46，如下圖所示：

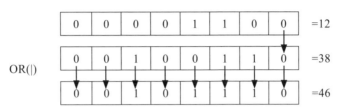

🎵 ^（XOR）

執行 XOR 運算時，對應的兩字元只有任一字元為 1 時，運算結果為 1，但是如果同時為 1 或 0 時，結果為 0。例如 a=12，則 a^38 得到的結果為 42，如下圖所示：

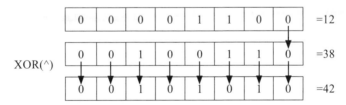

🎵 ～（NOT）

NOT 作用是取 1 的補數（complement），也就是 0 與 1 互換。例如 a=12，二進位表示法為 1100，取 1 的補數後，由於所有位元都會進行 0 與 1 互換，因此運算後的結果得到 -13：

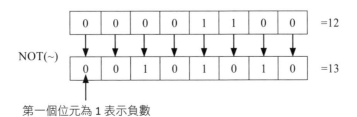

4-3-6 位元位移運算子

位元位移運算子可提供將整數值的位元向左或向右移動所指定的位元數，C 語言中提供有兩種位元邏輯運算子，分別是左移運算子（<<）與右移運算子（>>）：

<<（左移）

左移運算子（<<）可將運算元內容向左移動 n 個位元，左移後超出儲存範圍即捨去，右邊空出的位元則補 0。語法格式如下：

```
a<<n
```

例如運算式「12<<2」。數值 12 的二進位值為 1100，向左移動 2 個位元後成為 110000，也就是十進位的 48。如下圖所示。

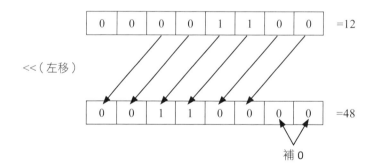

>>（右移）

右移運算子（>>）與左移相反，可將運算元內容右移 n 個位元，右移後超出儲存範圍即捨去。在此請注意，這時右邊空出的位元，如果這個數值是正數則補 0，負數則補 1。語法格式如下：

```
a>>n
```

例如運算式「12>>2」。數值 12 的二進位值為 1100，向右移動 2 個位元後成為 0011，也就是十進位的 3。如下圖所示。

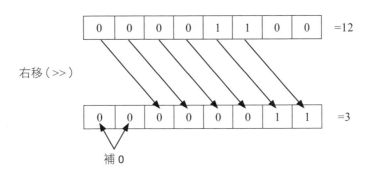

右移（>>）

補 0

4-3-7 遞增與遞減運算子

遞增「++」及遞減運算子「--」，是 C 語言中特別針對變數運算元加減 1 的簡化寫法，可以細分成「前置型」及「後置型」兩種，屬於一元運算子的一種，可增加程式碼的簡潔性。分別說明如下：

遞增運算子 ++

遞增運算子可放在運算元的前方或後方，不同的位置則會產生截然不同的計算順序，當然得到的結果也不會相同。語法如下：

```
++ 變數名稱；
變數名稱 ++；
```

如果放在運算元之前，則運算元遞增的動作會優先執行；如果是放在運算元之後，則遞增動作將在最後階段才執行。下表說明了遞增運算子（++）兩種格式的運作方式：

運算式	執行順序說明
int a=0,b=0; b=++a;	/* 宣告 a 與 b 為整數，初始值皆為 0*/ a=a+1; /* 先將 a 值加 1，此時 a=1*/ b=a; /* 再將 a 值指定給 b，此時 b=1*/
int a=0,b=0; b=a++;	/* 宣告 a 與 b 為整數，初始值皆為 0*/ b=a; /* 先將 a 值指定給 b，此時 a、b 都是 0*/ a=a+1; /*a 值加 1，但 b 值不變，此時 a=1,b=0*/

遞減運算子 --

遞減運算子與遞增運算子的格式與功能相似，可將運算元內容值減 1。語法如下：

```
-- 變數名稱 ;
變數名稱 --;
```

遞減運算子可放在運算元的前方或後方，不同的位置則會產生截然不同的計算順序，如下表所示：

運算式	執行順序說明
int a=0,b=0; b=--a;	/* 宣告 a 與 b 為整數，初始值皆為 0*/ a=a-1; /* 先將 a 值減 1，此時 a=-1*/ b=a; /* 將 a 值指定給 b，此時 b=-1*/
int a=0,b=0; b=a--;	/* 宣告 a 與 b 為整數，初始值皆為 0*/ b=a; /* 先將 a 值指定給 b，此時 a、b 都是 0*/ a=a-1; /*a 值減 1，但 b 值不變，此時 a=-1,b=0*/

範例程式 CH04_04.c ▶ 以下範例將實際示範前置型遞增運算子、前置型遞減運算子、後置型遞增運算子、後置型遞減運算子在運算前後的執行過程，各位比較結果後，自然會有清楚的認識。

```
01  #include<stdio.h>
02  #include<stdlib.h>
03
04  int main()
05  {
06      int a,b;
07
08      a=15;
09      printf("a= %d \n",a);
10      b=++a;/* 前置型遞增運算子 */
11      printf(" 前置型遞增運算子 :b=++a\n a=%d,b=%d\n",a,b);
12      a=15;
13      printf("a= %d \n",a);
14      b=a++;  /* 後置型遞增運算子 */
15      printf(" 後置型遞增運算子 :b=a++\n a=%d,b=%d\n",a,b);
16      a=15;
17      printf("a= %d \n",a);
18      b=--a;/* 前置型遞減運算子 */
19      printf(" 前置型遞減運算子 :b=--a\n a=%d,b=%d\n",a,b);
20      a=15;
21      printf("a= %d \n",a);
22      b=a--;/* 後置型遞減運算子 */
23      printf(" 後置型遞減運算子 :b=a-- \na=%d,b=%d\n",a,b);
24
25      return 0;
26  }
```

執行結果

```
a= 15
前置型遞增運算子:b=++a
 a=16,b=16
a= 15
後置型遞增運算子:b=a++
 a=16,b=15
a= 15
前置型遞減運算子:b=--a
 a=14,b=14
a= 15
後置型遞減運算子:b=a--
a=14,b=15

_____
Process exited after 0.1748 seconds with return value 0
請按任意鍵繼續 . . . ■
```

程式解說

- 第 8 行：宣告 a=15。
- 第 10 行：使用前置型遞增運算子，所以此時 b=16。
- 第 11 行：輸出時，a=16、b=16。
- 第 12 行：宣告 a=15。
- 第 14 行：使用後置型遞增運算子，所以此時 b=15。
- 第 15 行：輸出時，a=16、b=15。
- 第 16 行：宣告 a=15。
- 第 18 行：使用前置型遞減運算子，所以此時 b=14。
- 第 19 行：輸出時，a=14、b=14。
- 第 20 行：宣告 a=15。
- 第 22 行：使用後置型遞減運算子，所以此時 b=15。
- 第 24 行：輸出時，a=16、b=15。

4-3-8 條件運算子

條件運算子（?:）是 C 語言中唯一的「三元運算子」，它可以藉由判斷式的真假值，來傳回指定的值。使用語法如下所示：

```
判斷式 ? 運算式 1: 運算式 2
```

條件運算子首先會執行判斷式，如果判斷式的結果為真，則會執行運算式 1；如果結果為假，則會執行運算式 2。例如我們可以利用條件運算子來判斷所輸入的數字為偶數與奇數：

```
int number;
scanf("%d",&number);

(number%2==0)?printf(" 輸入數字為偶數 \n"):printf(" 輸入數字為奇數 \n");
```

範例程式 **CH04_05.c** ▶ 以下範例是利用條件運算子來判斷所輸入的兩科成績，是否都大於 **60** 分，如果是則代表及格，將會輸出 **Y** 字元，否則輸出 **N** 字元。

```
01   /* 條件運算子練習 */
02   #include <stdio.h>
03   #include <stdlib.h>
04
05   int main()
06   {
07       int math,physical;          /* 宣告表示兩科目分數的整數變數 */
08       char chr_pass;                      /* 宣告表示合格的字元變數 */
09
10       printf(" 請輸入數學與物理成績 :");
11       scanf("%d%d",&math,&physical);
12       printf(" 數學 = %d 分與 物理 = %d \n",math,physical);
13
14       chr_pass = ( math >= 60 && physical >= 60 )?'Y':'N';
15       /* 印出 chr_pass 變數內容，顯示該考生是否合格 */
16       printf( " 該名考生是否合格？ %c\n", chr_pass );
17
18       return 0;
19   }
```

執行結果

```
請輸入數學與物理成績:67 65
數學 = 67 分與 物理 = 65
該名考生是否合格？ Y

------------------------------------
Process exited after 12.53 seconds with return value 0
請按任意鍵繼續 . . . ■
```

程式解說

◆ 第 7 行：宣告表示兩科目分數的整數變數。

◆ 第 8 行：宣告表示合格的字元變數。

◆ 第 12 行：輸入兩科成績。

◆ 第 14 行：使用條件運算子來判斷該考生是否合格。

4-3-9 複合指定運算子

複合指定運算子（Compound Assignment Operators）是由指派運算子「=」與其他運算子結合而成。先決條件是「=」號右方的來源運算元必須有一個是和左方接收指定數值的運算元相同。語法格式如下：

```
a op= b;
```

這段運算式的含意是將 a 的值與 b 的值以 op 運算子進行計算，然後再將結果指定給 a。例如變數 a 的初始值為 5，經過運算式「a+=3」的運算後，a 的值會成為 8。其中「op=」運算子則有以下幾種：

運算子	說明	使用語法
+=	加法指定運算	A += B
-=	減法指定運算	A -= B
*=	乘法指定運算	A *= B
/=	除法指定運算	A /= B
%=	餘數指定運算	A %= B
&=	AND 位元指定運算	A &= B
|=	OR 位元指定運算	A |= B
^=	NOT 位元指定運算	A ^= B
<<=	位元左移指定運算	A <<= B
>>=	位元右移指定運算	A >>= B

1. 以下程式進行除法運算，如果想得到較精確的結果，請問當中有何錯誤？

```
int main()
{
    int x = 13, y = 5;
    printf("x /y = %f\n", x/y);
    return 0;
}
```

2. 請比較以下兩程式片段所輸出的結果：

(A)

```
int i = 2;
printf("%d %d",2*i++,i);
```

(B)

```
int i = 2;
printf("%d %d",2*++i,i);
```

3. a=15，則「a&10」的結果值為何？

4. 已知 a=b=5，x=10、y=20、z=30，請計算 x*=a+=y%=b-=z/=3，最後 x 的值。

5. 何謂二元運算子？請簡述之。

APCS 檢定考古題

1. 假設 x,y,z 為布林（boolean）變數，且 x=TRUE, y=TRUE, z=FALSE。請問下面各布林運算式的真假值依序為何？（TRUE 表真，FALSE 表假）

   〈105 年 10 月觀念題〉

   - !(y || z) || x
   - !y || (z || !x)
   - z || (x && (y || z))
   - (x || x) && z

   (A) TRUE FALSE TRUE FALSE   (B) FALSE FALSE TRUE FALSE

   (C) FALSE TRUE TRUE FALSE   (D) TRUE TRUE FALSE TRUE

   解答 (A) TRUE FALSE TRUE FALSE

2. 若要邏輯判斷式 !(X_1 || X_2) 計算結果為真（True），則 X_1 與 X_2 的值分別應為何？〈106 年 3 月觀念題〉

   (A) X_1 為 False，X_2 為 False   (B) X_1 為 True，X_2 為 True

   (C) X_1 為 True，X_2 為 False   (D) X_1 為 False，X_2 為 True

   解答 (A) X_1 為 False，X_2 為 False

3. 若 a, b, c, d, e 均為整數變數，下列哪個算式計算結果與 a+b*c-e 計算結果相同？〈106 年 3 月觀念題〉

   (A) (((a+b)*c)-e)   (B) ((a+b)*(c-e))

   (C) ((a+(b*c))-e)   (D) (a+((b*c)-e)

   解答 (C) ((a+(b*c))-e)

Chapter

5

流程控制必修攻略

程式語言經過近數十年來的不斷發展，結構化程式設計的趨勢慢慢成為程式開發的一種主流概念，其主要精神與模式就是將整個問題從上而下，由大到小逐步分解成較小的單元，這些單元稱為模組（module），也就是我們之前所提到的函數。

除了模組化設計，所謂「結構化程式設計」（Structured Programming）的特色，還包括三種流程控制結構：「循序結構」（Sequential structure）、

程式運作流程就像四通八達的公路

「選擇結構」（Selection structure）以及「重複結構」（repetition structure）。也就是說，對於一個結構化設計程式，不管其程式結構如何複雜，皆可利用這三種流程控制結構來加以表達與陳述。

5-1 循序結構

循序結構就是一個程式指令由上而下接著一個程式指令的執行指令，如下圖所示：

5-1-1 程式區塊

我們知道指令（statement）是 C 語言最基本的執行單位，每一行指令都必須加上分號（;）作為結束。在 C 程式中，我們可以使用大括號 {、} 將多個指令包圍起來，這樣以大括號包圍的多行指令，就稱作程式區塊（statement block）。形式如下所示：

```
{
    程式指令；
    程式指令；
    程式指令；
}
```

在 C 語言中，程式區塊可以被看作是一個最基本的指令區，使用上就像一般的程式指令，而它也是循序結構中的最基本單元。我們將上面的形式改成如下表示，各位可能會比較清楚：

```
{ 程式指令；程式指令；程式指令；}
```

C 語言的選擇結構與重複結構會經常使用到這樣的程式區塊，只要記住一個觀念，程式區塊在分析與撰寫程式時可比較容易閱讀與了解。

範例程式 **CH05_01.c** ▶ 以下範例就是一種循序結構的流程，由使用者輸入攝氏溫度值，再將它轉換為華氏溫度後輸出。

```
01   #include<stdio.h>
02   #include<stdlib.h>
03
04   int main(void)
05   {
06       /* 宣告變數 */
07       float c, f;
08       // 輸入攝氏溫度
09       printf(" 請輸入攝氏溫度：");
10       scanf("%f",&c);
11       f=(9*c)/5+32; /* 華氏溫度轉換公式 */
```

```
12      printf("攝氏%.1f度 = 華氏%.1f度\n",c,f);
13
14      return 0;
15  }
```

執行結果

```
請輸入攝氏溫度：36
攝氏36.0度 = 華氏96.8度

-------------------------------
Process exited after 4.088 seconds with return value 0
請按任意鍵繼續 . . .
```

程式解說

◆ 第 10 行：將所輸入的值存放在浮點數變數 c。

◆ 第 11 行：將華氏溫度轉換公式計算後的值存放在變數 f。

◆ 第 12 行：輸出攝氏與華式溫度。

5-2 選擇結構

選擇結構（Selection structure）是一種條件控制指令，包含一個條件判斷式，如果條件為真，則執行某些指令，一旦條件為假，則執行另一些指令，選擇結構的條件指令是讓程式能夠選擇應該執行的程式碼，就好比各位開車到十字路口，可以根據不同的狀況來選擇需要的路徑。如下圖所示：

選擇結構就像馬路的十字路口

Entry

條件

程式敘述   程式敘述

Exit

選擇結構必須配合邏輯判斷式來建立條件指令，C 語言中提供了四種條件控制指令，分別是 if 條件指令、if-else 條件指令、條件運算子以及 switch 指令等。

5-2-1 if 條件指令

對於 C 程式設計來說，if 條件指令是個相當普遍且實用的指令。當 if 的判斷條件成立時（傳回 1），程式將執行括號內的指令；若判斷條件不成立（傳回 0）時，則不執行括內號指令，並結束 if 指令。

所以當各位想撰寫一段用來決定要穿什麼樣式衣服的程式時，在您腦中就會呈現要依據的分類條件是什麼？這時就可以使用到 C 中的 if 指令條件式來協助您達到目的。

if 指令的語法格式如下所示：

```
if （條件運算子）
{

    程式指令區；

}
```

如果 {} 區塊只包含一個程式指令，則可省略括號 {}，語法如下所示：

```
if (條件運算子)
    程式指令;
```

在 if 指令下執行多行程式的指令稱為複合陳述句，此時就必須依照前面介紹的語法以大括號 {} 將指令句包起來。但如果是單行程式指令時，就直接寫在 if 指令下面即可。接著我們就以下面的兩個例子來說明：

例子 1：

```
01  /* 單行指令 */
02  if(test_score>=60)
03      printf("You Pass!\n");
```

例子 2：

```
01  /* 多行指令 */
02  if(test_score>=60){
03      printf("You Pass!\n");
04      printf("Your score is%d\n",test_score); /* 還輸出成績 */
05  }
```

範例程式 **CH05_02.c** ▶ 以下範例是讓各位輸入停車時數，以一小時 **40** 元收費，當大於一小時才開始收費，並列印出停車時數及總費用。

```
01  #include<stdio.h>
02  #include<stdlib.h>
03
04  int main()
05  {
06      int t,total;
07      printf("停車超過一小時，每小時收費 40 元 \n");
08      printf("請輸入停車幾小時：");
09      scanf("%d",&t);   /* 輸入時數 */
10      if(t>=1)
```

```
11      {
12          total=t*40;    /* 計算費用 */
13          printf(" 停車 %d 小時 , 總費用為 :%d 元 \n",t,total);
14      }
15
16      return 0;
17  }
```

執行結果

```
停車超過一小時,每小時收費40元
請輸入停車幾小時: 5
停車5小時,總費用為:200元
-----------------------------------
Process exited after 2.814 seconds with return value 0
請按任意鍵繼續 . . .
```

程式解說

◆ 第 9 行：輸入停車時數。

◆ 第 10 行：利用 if 指令，當輸入的數字大於 1 時，會執行後方程式碼第 11 ～ 14 行。

5-2-2 if-else 條件指令

之前介紹的例子都是條件成立時才執行 if 指令下的程式，那如果說條件不成立時，也想讓程式做點事情要怎麼辦呢？這時 if-else 條件指令就派上用場了。if-else 指令提供了兩種不同的選擇，當 if 的判斷條件（Condition）成立時（傳回 1），將執行 if 程式指令區內的程式；否則執行 else 程式指令區內的程式後結束 if 指令。如下圖所示：

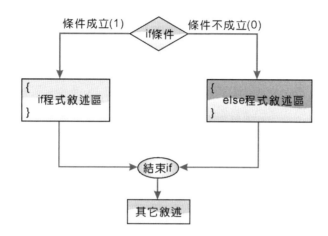

if-else 指令的語法格式如下所示：

```
if（條件運算式）
{

}
else
{

}
```

當然，如果 if-else{} 區塊內僅包含一個程式指令，則可省略括號 {}，語法如下所示：

```
if（條件運算式）
    程式指令；
else
    程式指令；
```

　　和 if 指令一樣，在 else 指令下所要被執行的程式可以是單行或是用大括號 {} 包含多行程式碼。以下讓我們用個簡單的例子來說明 if-esle 指令的使用。

```
01  printf(" 請輸入一個數字 (1 ～ 100):");
02  scanf("%d", &num);                    /* 輸入數值 */
03  if(num%2)                             /* 如果整數除以 2 的餘數等於 0*/
04      printf(" 您輸入的數為奇數。\n");    /* 則顯示奇數 "*/
05  else                                  /* 否則 */
06      printf(" 您輸入的數為偶數。\n");    /* 則輸出偶數 "*/
```

　　在第 3 行的 if（num%2）判斷式中，由於整數除以 2 餘數只有 1 或 0 兩種，所以當餘數等於 1 時則條件式將傳回 true（條件式成立），反之當餘數為 0 時條件式將傳回 false，則執行第 5 行 else 之後的指令。

範例程式 **CH05_03.c** ▶ 以下範例就是利用 **if else** 指令讓使用者輸入一整數，並判斷是否為 **2** 或 **3** 的倍數，不過卻不能為 **6** 的倍數。

```
01  #include <stdio.h>
02  #include <stdlib.h>
03
04  int main()
05  {
06      int value;
07
08      printf(" 請任意輸入一個整數：");
09      scanf("%d", &value);/* 輸入一個整數 */
10
11      if(value%2==0 || value%3==0)/* 判斷是否為 2 或 3 的倍數 */
12          if(value%6!=0)
13              printf(" 符合所要的條件 \n");
14          else
15              printf(" 不符合所要的條件 \n");/* 為 6 的倍數 */
16      else
17          printf(" 不符合所要的條件 \n");
18
19      return 0;
20  }
```

執行結果

```
請任意輸入一個整數：8
符合所要的條件

-----------------------------------
Process exited after 1.327 seconds with return value 0
請按任意鍵繼續 . . .
```

程式解說

◆ 第 9 行：請任意輸入一個整數。

◆ 第 11 行：利用 if 指令判斷是否為 2 或 3 的倍數，與第 16 行的 else 指令為一組。

◆ 第 12 ～ 15 行：為一組 if else 指令，用來判斷是否為 6 的倍數。

5-2-3 if else if 條件指令

接著談到 if else if 條件指令，它是一種多選一的條件指令，讓使用者在 if 指令和 else if 中選擇符合條件運算式的程式指令區塊，如果以上條件運算式都不符合，就會執行最後的 else 指令，或者這也可看成是一種巢狀 if else 結構。語法格式如下：

```
if( 條件運算式 )
{
      程式區塊；
}
else if( 條件運算式 )
{
      程式區塊；
}
......
else{
      程式區塊；

}
```

事實上，C 語言中並沒有 else if 這樣的語法，以上語法結構只是將 if 指令接在 else 之後。還是要提醒大家，通常為了增加程式可讀性與正確性，最好將對應的 if-else 以括號 {} 包含在一起，並且利用縮排效果來增加可讀性。

範例程式 **CH05_04.c** ▶ 以下範例可以讓消費者輸入百貨公司購買的金額，並依據不同的消費等級有不同的折扣，請使用 **if else if** 指令來輸出最後要付出的金額：

百貨公司購物問題

消費金額	折扣
10 萬元	15%
5 萬元	10%
2 萬元以下	5%

```c
01  #include <stdio.h>
02  #include <stdlib.h>
03
04  int main()
05  {
06      float cost=0;            /* 宣告整數變數 */
07      printf(" 請輸入消費總金額 :");
08      scanf("%f", &cost);
09      if(cost>=100000)
10          cost=cost*0.85;/* 10 萬元以上打 85 折 */
11      else if(cost>=50000)
12          cost=cost*0.9;  /* 5 萬元到 10 萬元之間打 9 折 */
13      else
14          cost=cost*0.95;/* 5 萬元以下打 95 折 */
15          printf(" 實際消費總額 :%.1f 元 \n",cost);
16
17      return 0;
18  }
```

執行結果

```
請輸入消費總金額:1200
實際消費總額:1140.0元

------------------------------------
Process exited after 5.48 seconds with return value 0
請按任意鍵繼續 . . .
```

程式解說

- ◆ 第 8 行：輸入消費總金額，變數採用單精度浮點數型態，因為結果會有小數點位數。
- ◆ 第 9 行：if 判斷式，如果 cost 是 10 萬元以上打 85 折。
- ◆ 第 11 行：if 判斷式，如果 cost 是 5 萬元到 10 萬元之間打 9 折。
- ◆ 第 13 行：else 指令，判斷如果 cost 小於 5 萬元，則打 95 折。

5-2-4 switch 選擇指令

if...else if 條件指令雖然可以達成多選一的結構，可是當條件判斷式增多時，使用上就不如本節中要介紹的 switch 條件指令來得簡潔易懂，特別是過多的 else-if 指令常會造成日後程式維護的困擾。以下我們先利用流程圖來簡單說明 switch 指令的執行方式：

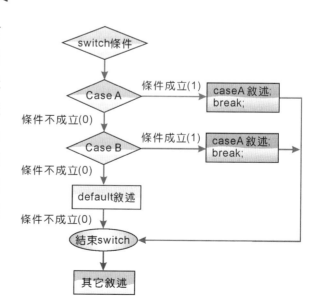

switch 條件指令的語法格式如下：

```
switch（運算式）
{
case 判斷值1：
            程式指令1；
                :
            break;
case 判斷值2：
             程式指令2；
                :
             break;
:
case 判斷值n：
            程式指令n；
                :
            break;
:
default：
            default 區程式指令：
                :
}
```

　　首先來看看 switch 的括號 () 部份，其中所放的指令是要與在大括號 { } 裡的 case 標籤內所定義之值做比對的變數。當取出變數中的數值之後，程式開始與先前定義在 case 之內的數字或字元作比對，如果符合就執行該 case 下的程式碼，直到遇到 break 之後離開 switch 指令區塊，如果沒有符合的數值或字元，程式會跑去執行 default 下的程式碼。

　　至於 default 標籤的使用上是可有可無，如果我們要去處理一些條件式結果值並不在預先定義的傳回值內時，便可在 default 標籤下來定義要執行的程式碼。不過使用 switch 指令時要注意到，在每一個執行程式區段的最後要加上 break 指令來結束此段程式碼的執行，不然程式會循序執行到遇到 break 指令或是整個 switch 區段結束為止。

範例程式 **CH05_05.c** ▶ 以下範例是利用 switch 指令來輸入所要購買的便當種類，並分別顯示其價格，並利用 **break** 的特性，設定多重的 **case** 條件，各位可從此範例充份了解**switch**指令的使用時機與方法。

選購便當問題

```c
01   #include <stdio.h>
02   #include <stdlib.h>
03
04   int main()
05   {
06       char select;
07       puts("    (1) 排骨便當");
08       puts("    (2) 海鮮便當");
09       puts("    (3) 雞腿便當");
10       puts("    (4) 魚排便當");
11       printf("   請輸入您要購買的便當：");
12       select=getche();/* 輸入字元並存入變數 select*/
13       printf("\n===============================\n");
14
15       switch(select)
16       {
17       case '1':              /* 如果 select 等於 1*/
18          puts("排骨便當一份 75 元");
19          break;              /* 跳出 switch*/
20       case '2':              /* 如果 select 等於 2*/
21          puts("海鮮便當一份 85 元");
22          break;              /* 跳出 switch*/
23       case '3':              /* 如果 select 等於 3*/
24          puts("雞腿便當一份 80 元");
25          break;              /* 跳出 switch*/
26       case '4':              /* 如果 select 等於 3*/
27          puts("魚排便當一份 60 元");
```

```
29      default:                  /* 如果 select 不等於 1,2,3,4 任何一個 */
30          printf(" 選項錯誤 \n");
31      }
32      printf("=================================\n");
33
34      return 0;
35  }
```

執行結果

```
  〈1〉 排骨便當
  〈2〉 海鮮便當
  〈3〉 雞腿便當
  〈4〉 魚排便當
  請輸入您要購買的便當：2
=================================
海鮮便當一份85元
=================================

---------------------------------
Process exited after 7.949 seconds with return value 0
請按任意鍵繼續 . . .
```

程式解說

◆ 第 7 ～ 11 行：輸出各種便當的售價與相關文字。

◆ 第 15 行：依據輸入的 select 字元決定執行哪一行的 case，例如當輸入字元為 1 時，會輸出 " 排骨便當一份 75 元 " 字串，而 break 指令代表的是直接跳出 switch 條件指令，不會執行下一個 case 指令。

◆ 第 29 行：若輸入的字元都不符合所有 case 條件，即是 1、2、3、4 以外的字元，則會執行 default 後的程式指令區塊。

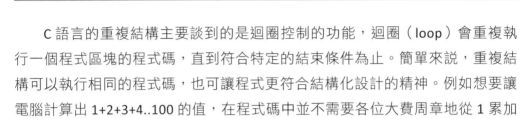

5-3 重複結構

　　C 語言的重複結構主要談到的是迴圈控制的功能，迴圈（loop）會重複執行一個程式區塊的程式碼，直到符合特定的結束條件為止。簡單來說，重複結構可以執行相同的程式碼，也可讓程式更符合結構化設計的精神。例如想要讓電腦計算出 1+2+3+4..100 的值，在程式碼中並不需要各位大費周章地從 1 累加到 100，這時只需要利用重複結構就可以輕鬆達成。在 C 語言中，提供了 for、while 以及 do-while 三種迴圈指令來達成重複結構的效果。

5-3-1 for 迴圈

　　for 迴圈又稱為計數迴圈，是程式設計中較常使用的一種迴圈型式，可以重複執行固定次數的迴圈，不過必須事先設定迴圈控制變數的起始值、執行迴圈的條件運算式與控制變數更新的增減值。下圖則是 for 迴圈的執行流程圖：

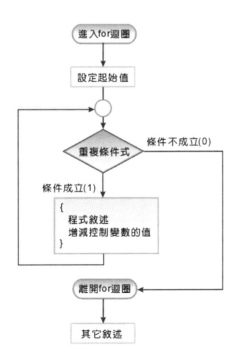

for 迴圈指令的使用方式相當簡單，語法格式如下：

```
for( 控制變數起始值；  條件運算式；控制變數更新的增減值 )
{

    程式指令區塊；

}
```

for 迴圈的執行步驟說明如下：

① 設定控制變數起始值。

② 如果條件運算式為真，則執行 for 迴圈內的指令。

③ 執行完成之後，增加或減少控制變數的值，可視使用者的需求來作控制，再重複步驟 2。

④ 如果條件運算式為假，則跳離 for 迴圈。

例如以下是使用 for 迴圈來計算 1 加到 100 的 C 語言程式碼：

```c
int i=1,sum=0;                        /* 宣告 i 初值 */
for (; i<=100 ; i++)                  /* 省略變數起始值的設定，分號不可省略 */
{
    sum+=i;                           /* 執行累加運算 */
    printf("i=%d\t sum=%d\n", i, sum);
}
```

範例程式 **CH05_06.c** ▶ 以下範例是利用 **for** 迴圈來設計一 **C** 語言程式，可輸入小於 **100** 的整數 **n**，並計算以下式子的總和：

```
1*1+2*2+3*3+4*4+....+n-1*n-1+n*n
```

```
01  #include<stdio.h>
02  #include<stdlib.h>
03
```

```
04  int main()
05  {
06      int n,i;
07      long sum=0;/* 宣告為長整數 */
08
09      printf(" 請輸入任一整數 :");
10      scanf("%d",&n);
11
12      if(n>=1 || n<=100)/* 控制輸入範圍 */
13      {
14          for(i=0;i<n;i++)
15              sum+=i*i; /* 1*1+2*2+3*3+..n*n */
16          printf("1*1+2*2+3*3+...+%d*%d=%d\n",n,n,sum);
17      }
18      else
19          printf(" 輸入數字超出範圍了 !\n");
20
21      return 0;
22  }
```

執行結果

```
請輸入任一整數:8
1*1+2*2+3*3+...+8*8=140

--------------------------------
Process exited after 6.471 seconds with return value 0
請按任意鍵繼續 . . . ▮
```

程式解說

* 第 7 行：宣告 sum 為長整數。

* 第 12 行：如果所輸入的值在 1 ～ 100 間，則執行 13 ～ 17 行的指令。

* 第 14 行：使用 for 迴圈來控制，設定變數 i 的起始值為 1，迴圈重複條件
  為 i 小於等於 n，i 的遞增值為 1，當 i 大於 n 時，就會離開 for 迴圈。

* 第 16 行：最後輸出計算後的結果。

　　接下來還要為各位介紹一種 for 的巢狀迴圈（Nested loop），也就是多層次的 for 迴圈結構。在巢狀 for 迴圈結構中，執行流程必須先等內層迴圈執行完畢，才會逐層繼續執行外層迴圈。例如兩層式的巢狀 for 迴圈結構格式如下：

```
for ( 控制變數起始值 1 ;   迴圈重複條件式 ;   控制變數增減值 )
{

    ┌──────────┐
    │ 程式指令 ;  │
    └──────────┘

    for ( 控制變數起始值 2 ;  迴圈重複條件式 ;  控制變數增減值 )
    {

        ┌──────────┐
        │ 程式指令 ;  │
        └──────────┘

    }
}
```

範例程式 **CH05_07.c** ▶ 以下範例是利用兩層巢狀 for 迴圈來設計九九乘法表，其中 i 為外層迴圈的控制變數，j 為內層迴圈的控制變數。其中兩個 for 迴圈的執行次數都是 9 次，所以這個程式一共會執行 81 個迴圈，也會輸出 81 道式子。

```
01   #include<stdio.h>/* 雙層巢狀迴圈的範例 */
02   #include<stdlib.h>
03
04   int main()
05   {
06       int i,j,n,m;   /* 九九乘法表的雙重迴圈 */
07
08       for(i=1; i<=9; i++)   /* 外層迴圈 */
09       {
10           for(j=1; j<=9; j++)   /* 內層迴圈 */
11           {
12               printf("%d*%d=",i,j);
13               printf("%d\t ",i*j);
14           }
15           printf("\n");
16       }
17
18       return 0;
19   }
```

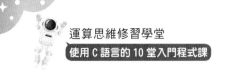

執行結果

```
1*1=1      1*2=2      1*3=3      1*4=4      1*5=5      1*6=6      1*7=7      1*8=8      1*9=9
2*1=2      2*2=4      2*3=6      2*4=8      2*5=10     2*6=12     2*7=14     2*8=16     2*9=18
3*1=3      3*2=6      3*3=9      3*4=12     3*5=15     3*6=18     3*7=21     3*8=24     3*9=27
4*1=4      4*2=8      4*3=12     4*4=16     4*5=20     4*6=24     4*7=28     4*8=32     4*9=36
5*1=5      5*2=10     5*3=15     5*4=20     5*5=25     5*6=30     5*7=35     5*8=40     5*9=45
6*1=6      6*2=12     6*3=18     6*4=24     6*5=30     6*6=36     6*7=42     6*8=48     6*9=54
7*1=7      7*2=14     7*3=21     7*4=28     7*5=35     7*6=42     7*7=49     7*8=56     7*9=63
8*1=8      8*2=16     8*3=24     8*4=32     8*5=40     8*6=48     8*7=56     8*8=64     8*9=72
9*1=9      9*2=18     9*3=27     9*4=36     9*5=45     9*6=54     9*7=63     9*8=72     9*9=81

--------------------------------
Process exited after 0.2014 seconds with return value 0
請按任意鍵繼續 . . .
```

程式解說

◆ 第 8 行：外層 for 迴圈控制 i 輸出，只要 i<=9，就繼續執行第 9 ～ 16 行。

◆ 第 10 行：內層 for 迴圈控制 j 輸出，只要 j<=9，就繼續執行第 12 ～ 13 行。

◆ 第 12 ～ 13 行：i*j 的值。

5-3-2 while 迴圈

如果所要執行的迴圈次數確定，那麼使用 for 迴圈指令就是最佳選擇。但對於某些不確定次數的迴圈，while 迴圈就可以派上用場了。while 結構與 for 結構類似，都是屬於前測試型迴圈，也就是必須滿足特定條件，才能進入迴圈。兩者之間最大不同處是在於 for 迴圈需要給它一個特定的次數；而 while 迴圈則不需要，它只要在判斷條件持續為 true 的情況下就能一直執行。

while 迴圈內的指令可以是一個指令或是多個指令形成的程式區塊。同樣地，如果有多個指令在迴圈中執行，就可以使用大括號括住。以下是 while 指令執行的流程圖：

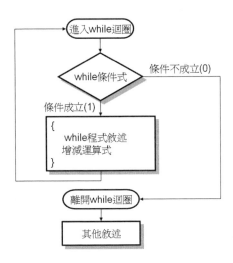

while 迴圈的使用還必須自行加入起始值與設定一個變數作為計數器,當每執行一次迴圈,在程式區塊指令中計數器的值必須要改變,否則條件式永遠成立時,也將會造成所謂的無窮迴圈。while 指令的語法如下:

```
while(重複條件式)
{

    程式指令;

}
```

範例程式 **CH05_08.c** ▶ 以下範例是以 **while** 迴圈來計算當某數的數值是 **1000**,依次減去 **1,2,3...**,請問直到減到哪一數時,相減的結果為負數。因為不清楚要執行多少次,所以這種情況是很適合用 **while** 迴圈來實作的範例。

```
01  #include<stdio.h>
02  #include<stdlib.h>
03
04  int main()
```

```
05  {
06      int x=1, sum=1000;
07      while(sum>=0)  /* while 迴圈 */
08       {
09          sum-=x;  /* x=1,2,3...*/
10          x++;
11       }
12      printf("x=%d\n",x-1);/* 之前預先加 1 了 */
13
14      return 0;
15  }
```

執行結果

```
x=45

--------------------------------
Process exited after 0.1597 seconds with return value 0
請按任意鍵繼續 . . .
```

程式解說

- 第 7 行：定義 while 迴圈的成立條件為只要 sum>=0。
- 第 9 行：sum 就依次減去 x 的值。
- 第 10 行：當 x 每進迴圈一次就累加一次，最後迴圈條件不成立（sum<0）時，顯示最後的 x 值。
- 第 12 行：因為之前第 10 行中 x 預先加 1，所以要再減 1。

5-3-3 do while 迴圈

　　do while 迴圈指令和 while 迴圈指令十分類似，只要判斷式條件為真時都會去執行迴圈內的區塊程式。但是 do-while 迴圈的最重要特徵就是由於它的判

斷式在迴圈後方，所以一定會先執行迴圈內的指令至少一次，而前面所介紹的
for 迴圈和 while 迴圈都必須先執行判斷條件式，當條件為真後才能繼續進行。
以下是 do-while 指令執行的流程圖：

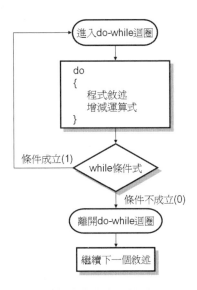

do while 指令的語法格式如下：

```
do
{
    :
    程式指令 ;
}
    while (條件判斷式);   /* 此處記得加上 ; 號 */
```

範例程式 CH05_09.c ▶ 以下範例是利用 **do...while** 迴圈，讓使用者輸入一個整
數，並將此整數的每一個數字反向輸出，例如輸入 **12345**，程式反向輸出 **54321**。

```
01   #include<stdio.h>
02   #include<stdlib.h>
03
04   int main(void)
```

```
05  {
06      int n;
07
08      printf(" 請輸入任一整數 :");
09      scanf("%d",&n);/* 輸入整數 n */
10
11      printf(" 反向輸出的結果 :");
12
13      /* do while 迴圈 */
14      do
15      {
16          printf("%d",n%10);/* 求出餘數值 */
17          n=n/10; /* 從個位數開始逐步往前一位 */
18      } while (n!=0); /* 條件判斷式 */
19
20      printf("\n");/* 跳行 */
21
22      return 0;
23  }
```

執行結果

```
請輸入任一整數:13579
反向輸出的結果:97531

--------------------------------
Process exited after 10.14 seconds with return value 0
請按任意鍵繼續 . . .
```

程式解說

◆ 第 6 行：宣告整數變數 n。

◆ 第 9 行：輸入整數 n。

◆ 第 14 行：定義 do while 迴圈，且設定條件 n!=0 時，執行第 16 ～ 17 行的程式區塊，無論如何至少會被執行一次。

◆ 第 18 行：do while 迴圈的條件判斷式，n!=0 時會跳出迴圈。

5-3-4 迴圈控制指令

事實上，迴圈並非一成不變的只是重複執行，可以藉由迴圈控制指令，來更有效的運用迴圈功能，例如必須中斷，讓迴圈提前結束。在 C 語言中各位可以使用 break 或 continue 指令，或是使用 goto 指令直接將程式流程改變至任何想要的位置。以下我們就來介紹兩種流程控制的指令。

🔑 break 指令

break 指令就像它的英文意義一般，代表中斷的意思，各位應該記得在 switch 指令部份就使用過了。break 指令也可以用來跳離迴圈的執行，在例如 for、while 與 do while 中，主要用於中斷目前的迴圈執行，如果 break 並不是出現內含在 for、while 迴圈中或 switch 指令中，則會發生編譯錯誤。語法格式相當簡單，如下所示：

```
break;
```

break 指令通常會與 if 條件指令連用，用來設定在某些條件一旦成立時，即跳離迴圈的執行。由於 break 指令只能跳離本身所在的這一層迴圈，如果遇到巢狀迴圈包圍時，可就要逐層加上 break 指令。

範例程式 CH05_10.c ▶ 以下範例中我們先設定要存放累加的總數 sum 為 0，每執行完一次迴圈後將 i 變數（i 的初值為 1）累加 2，執行 1+3+5+7+...99 的和。直到 i 等於 101 後，就利用 break 的特性來強制中斷 for 迴圈。

```
01   /*break 練習 */
02   #include <stdio.h>
03   #include <stdlib.h>
04
```

```
05  int main()
06  {
07      int i,sum=0;
08      for(i=1; i<=200; i=i+2)
09      {
10          if(i==101)
11              break;/* 跳出迴圈 */
12          sum+=i;
13      }
14      printf("1～99的奇數總和:%d\n",sum);
15
16      return 0;
17  }
```

執行結果

```
1~99的奇數總和:2500

---------------------------------
Process exited after 0.1807 seconds with return value 0
請按任意鍵繼續 . . .
```

程式解說

◆ 第 8～13 行：執行 for 迴圈，並設定 i 的值在 1～200 之間，第 10 行判斷當 i=101 時，則執行 break 指令，立刻跳出迴圈。

◆ 第 14 行：最後輸出 sum 的值。

continue 指令

相較於 break 指令的跳出迴圈，continue 指令則是指繼續下一次迴圈的運作。也就是說，如果想要終止的不是整個迴圈，而是想要在某個特定的條件下，中止某一層的迴圈執行就可使用 continue 指令。continue 指令只會直接略過底下尚未執行的程式碼，並跳至迴圈區塊的開頭繼續下一個迴圈，而不會離開迴圈。語法格式如下：

```
continue;
```

讓我們用下面的例子說明：

```
01  int a;
02     for (a = 0 ; a <= 9 ; a++) {
03         if (a == 3) {
04             continue;
05         }
06      printf("a=%d\n");
07  }
```

在這個例子中我們利用 for 迴圈來累加 a 的值，當 a 等於 3 的這個條件出現，我們利用 continue 指令來讓 printf("a=%d\n"); 的執行被跳過去，並回到迴圈開頭（a==4），繼續進行累加 a 及顯示出 a 值的程式，所以在顯示出來的數值中不會有 3。

範例程式 **CH05_11.c** ▶ 以下範例是利用巢狀 **for** 迴圈與 **break** 指令來設計如下圖的畫面，各位可以了解當執行到 **b==6** 時，**continue** 指令會跳過該次迴圈，重新從下層迴圈來執行，也就是不會輸出 **6** 的數字。

```
1
12
123
1234
1234
12345
12345
123457
1234578
12345789
```

```
01   /* continue 練習 */
02   #include <stdio.h>
03   #include <stdlib.h>
04
05   int main()
06   {
07       int a=1,b;
08       for(a; a<=9; a++)/* 外層 for 迴圈控制 y 軸輸出 */
09       {
10           for(b=1; b<=a; b++)      /* 內層 for 迴圈控制 x 軸輸出 */
11           {
12               if(b == 6)
13                   continue;
14               printf("%d ",b);/* 印出 b 的值 */
15           }
16           printf("\n");
17       }
18       return 0;
19   }
```

執行結果

```
1
1 2
1 2 3
1 2 3 4
1 2 3 4 5
1 2 3 4 5
1 2 3 4 5 7
1 2 3 4 5 7 8
1 2 3 4 5 7 8 9

------------------------------------
Process exited after 0.17 seconds with return value 0
請按任意鍵繼續 . . .
```

程式解說

◆ 第 8 ～ 17 行：為雙層巢狀迴圈。

◆ 第 12 行：if 指令，在 b 的值等於 6 時就會執行 continue 指令，而跳過第 14 行的 printf() 輸出程式，回到第 10 行的 for 迴圈繼續執行。

★ 課 後 評 量

1. 以下的程式碼片段有何錯誤？

```
01  if(y == 0)
02      printf(" 除數不得為 0\n");
03      exit(1);
04  else
05      printf("%.2f", x / y);
```

2. 試説明 default 指令的功用。

3. 以下程式碼中的 else 指令，是配合哪一個 if 指令，試説明之。

```
if (number % 3 == 0)
    if (number % 7 == 0)
        printf("%d是 3 與 7 的公倍數 \n",number);
    else
        printf("%d不是 3 的倍數 \n",number);
```

4. 學過數學的讀者都知道，三角形的兩邊長之和必大於第三邊。請設計一程式碼片段，並利用 if else 指令來輸入三個數，判斷能否成為一個三角形的三邊長。

5. 試問下列程式碼中，最後 k 值會為多少？

```
int k=10;
while(k<=25)
{
    k++;
}
printf("%d"k);
```

6. 下面的程式碼片段有何錯誤？

```
01   n=45;
02   do
03      {
04          printf("%d",n);
05          ans*=n;
06          n--;
07   }while(n>1)
```

7. 試敘述 break 敘述與 continue 敘述的差異。

8. 下面這個程式碼片段有何錯誤？請說明你的建議。

```
switch ch
{
    case '+':
        printf("a + b = %.2f\n", a + b);
    case '-':
        printf("a - b = %.2f", a - b);
    case '*':
        printf("a * b = %.2f", a * b);
    case '/':
        printf("a / b = %.2f", a / b);
}
```

APCS 檢定考古題

1. 下列程式執行過後所輸出數值為何？〈105 年 3 月觀念題〉

```c
void main () {
    int count = 10;
    if (count > 0) {
        count = 11;
    }
    if (count > 10) {
        count = 12;
        if (count % 3 == 4) {
            count = 1;
        }
        else {
            count = 0;
        }
    }
    else if (count > 11) {
        count = 13;
    }
    else {
        count = 14;
    }
    if (count) {
        count = 15;
    }
    else {
        count = 16;
    }
    printf ("%d\n", count);
}
```

(A) 11   (B) 13   (C) 15   (D) 16

解答 (D) 16

2. 下列是依據分數 s 評定等第的程式碼片段，正確的等第公式應為：

90 ～ 100 判為 A 等

80 ～　89 判為 B 等

70 ～　79 判為 C 等

60 ～　69 判為 D 等

　0 ～　59 判為 F 等

這段程式碼在處理 0 ～ 100 的分數時，有幾個分數的等第是錯的？

〈105 年 10 月觀念題〉

```
if (s>=90) {
    printf ("A \n");
}
else if (s>=80) {
    printf ("B \n");
}
else if (s>60) {
    printf ("D \n");
}
else if (s>70) {
    printf ("C \n");
}
else {
    printf ("F\n");
}
```

(A) 20　　　　　　(B) 11　　　　　　(C) 2　　　　　　(D) 10

解答 (B) 11

　　「else if (s>70)」這列程式位置錯誤，應該放在「else if (s>60)」之前，而且「else if (s>60)」必須改成「else if (s>=60)」，本程式共造成 11 個錯誤。

3. 下列 switch 敘述程式碼可以如何以 if-else 改寫？〈105 年 10 月觀念題〉

```
switch (x) {
    case 10: y = 'a';  break;
    case 20:
    case 30: y = 'b';  break;
    default: y = 'c';
}
```

(A) if (x==10) y = 'a';

　　if (x==20 || x==30) y = 'b';

　　y = 'c';

(B) if (x==10) y = 'a';

　　else if (x==20 || x==30) y = 'b';

　　else y = 'c';

(C) if (x==10) y = 'a';

　　if (x>=20 && x<=30) y = 'b';

　　y = 'c';

(D) if (x==10) y = 'a';

　　else if(x>=20 && x<=30) y = 'b';

　　else y = 'c';

解答 (B) if (x==10) y = 'a';

　　　　else if (x==20 || x==30) y = 'b';

　　　　else y = 'c';

4. 下列程式片段主要功能為：輸入六個整數，檢測並印出最後一個數字是否為六個數字中最小的值。然而，這個程式是錯誤的。請問以下哪一組測試資料可以測試出程式有誤？〈105 年 3 月觀念題〉

```
#define TRUE 1
#define FALSE 0
int d[6], val, allBig;
...
for (int i=1; i<=5; i=i+1) {
    scanf ("%d", &d[i]);
}
scanf ("%d", &val);
allBig = TRUE;
for (int i=1; i<=5; i=i+1) {
    if (d[i] > val) {
        allBig = TRUE;
    }
    else {
        allBig = FALSE;
    }
}
if (allBig == TRUE) {
    printf ("%d is the smallest.\n", val);
}
else {
    printf ("%d is not the smallest.\n",val);
}
}
```

(A) 11 12 13 14 15 3   (B) 11 12 13 14 25 20

(C) 23 15 18 20 11 12   (D) 18 17 19 24 15 16

解答 (B) 11 12 13 14 25 20

請將四個選項的值依序帶入，只要找到不符合程式原意的資料組，就可以判斷程式出現問題。

5. 下列程式正確的輸出應該如右圖所示，在不修改程式之第
   4 行及第 7 行程式碼的前提下，最少需修改幾行程式碼以得
   到正確輸出？〈105 年 3 月觀念題〉

```
*
***
*****
*******
*********
```

```
01  int k = 4;
02  int m = 1;
03  for (int i=1; i<=5; i=i+1) {
04      for (int j=1; j<=k; j=j+1) {
05          printf (" ");
06      }
07      for (int j=1; j<=m; j=j+1) {
08          printf ("*");
09      }
10      printf ("\n");
11      k = k - 1;
12      m = m + 1;
13  }
```

(A) 1   (B) 2   (C) 3   (D) 4

解答 (A) 1

只要將第 12 行的「m = m + 1;」修改成「m = 2*i + 1;」就可以得到
正確的輸出結果。

6. 下列程式碼，執行時的輸出為何？〈105 年 3 月觀念題〉

```
void main() {
    for (int i=0; i<=10; i=i+1) {
        printf ("%d ", i);
        i = i + 1;
    }
    printf ("\n");
}
```

(A) 0 2 4 6 8 10   (B) 0 1 2 3 4 5 6 7 8 9 10

(C) 0 1 3 5 7 9   (D) 0 1 3 5 7 9 11

解答 (A) 0 2 4 6 8 10

很簡單的問題，模擬操作就可以。

7. 以下 F() 函式執行後，輸出為何？〈105 年 10 月觀念題〉

```c
void F( ) {
    char t, item[] = {'2', '8', '3', '1', '9'};
    int a, b, c, count = 5;
    for (a=0; a<count-1; a=a+1) {
        c = a;
        t = item[a];
        for (b=a+1; b<count; b=b+1) {
            if (item[b] < t) {
                c = b;
                t = item[b];
            }
            if ((a==2) && (b==3)) {
                printf ("%c %d\n", t, c);
            }
        }
    }
}
```

(A) 1 2   (B) 1 3   (C) 3 2   (D) 3 3

解答 (B) 1 3

8. 下列程式碼執行後輸出結果為何？〈105 年 10 月觀念題〉

```c
int a[9] = {1, 3, 5, 7, 9, 8, 6, 4, 2};
int n=9, tmp;

for (int i=0; i<n; i=i+1) {
    tmp = a[i];
    a[i] = a[n-i-1];
    a[n-i-1] = tmp;
}
for (int i=0; i<=n/2; i=i+1)
    printf ("%d %d ", a[i], a[n-i-1]);
```

(A) 2 4 6 8 9 7 5 3 1 9   (B) 1 3 5 7 9 2 4 6 8 9

(C) 1 2 3 4 5 6 7 8 9 9   (D) 2 4 6 8 5 1 3 7 9 9

解答 (C) 1 2 3 4 5 6 7 8 9 9

9. 若 n 為正整數，下列程式三個迴圈執行完畢後 a 值將為何？〈105 年 10 月觀念題〉

```
int a=0, n;
    ...
for (int i=1; i<=n; i=i+1)
    for (int j=i; j<=n; j=j+1)
        for (int k=1; k<=n; k=k+1)
            a = a + 1;
```

(A) n(n+1)/2

(B) $n^3/2$

(C) n(n-1)/2

(D) $n^2(n+1)/2$

解答 (D) $n^2(n+1)/2$

當 i=1 時 j 執行 n 次，當 i=2 時 j 執行 n-1 次，… 當 i=n 時 j 執行 1 次，因此前兩個迴圈的執行次數為：

n+(n-1)+(n-2)+(n-3)+…+1=n*(n+1)/2

第三個迴圈的執行次數為 n，因此總執行次數為 $n^2(n+1)/2$。

10. 下列程式片段執行過程中的輸出為何？〈105 年 10 月觀念題〉

```
int a = 5;
    ...
for (int i=0; i<20; i=i+1){
    i = i + a;
    printf ("%d ", i);
}
```

(A) 5 10 15 20

(B) 5 11 17 23

(C) 6 12 18 24

(D) 6 11 17 22

解答 (B) 5 11 17 23

11. 下列程式片段中執行後若要印出下列圖案，(a) 的條件判斷式該如　　******
何設定？〈105 年 10 月觀念題〉　　　　　　　　　　　　　　　****
　　　　　　　　　　　　　　　　　　　　　　　　　　　　　**

```
for (int i=0; i<=3; i=i+1) {
    for (int j=0; j<i; j=j+1)
        printf(" ");
    for (int k=6-2*i;___(a)___; k=k-1)
        printf("*");
    printf("\n");
}
```

(A) k > 2　　　　　　　　　　　　(B) k > 1

(C) k > 0　　　　　　　　　　　　(D) k > － 1

解答 (C) k > 0

　　注意第三個 for 迴圈列印 "*" 的次數，請將各選項帶入程式中去觀察
　　第三個 for 迴圈的第一次執行次數（即 i=0）就可以知道選項 (C) 為正
　　確答案。

12. 下列程式片段無法正確列印 20 次的 "Hi!"，請問下列哪一個修正方式仍無
法正確列印 20 次的 "Hi!"？〈106 年 3 月觀念題〉

```
for (int i=0; i<=100; i=i+5) {
    printf ("%s\n", "Hi!");
}
```

(A) 需要將 i<=100 和 i=i+5 分別修正為 i<20 和 i=i+1

(B) 需要將 i=0 修正為 i=5

(C) 需要將 i<=100 修正為 i<100;

(D) 需要將 i=0 和 i<=100 分別修正為 i=5 和 i<100

解答 (D) 需要將 i=0 和 i<=100 分別修正為 i=5 和 i<100

13. 下列程式執行完畢後所輸出值為何？〈106 年 3 月觀念題〉

```
int main() {
    int x = 0, n = 5;
    for (int i=1; i<=n; i=i+1)
        for (int j=1; j<=n; j=j+1) {
            if ((i+j)==2)
                x = x + 2;
            if ((i+j)==3)
                x = x + 3;
            if ((i+j)==4)
                x = x + 4;
        }
    printf ("%d\n", x);
    return 0;
}
```

(A) 12   (B) 24   (C) 16   (D) 20

解答 (D) 20

14. 下列程式片段擬以輾轉除法求 i 與 j 的最大公因數。請問 while 迴圈內容何者正確？〈105 年 3 月觀念題〉

```
i = 76;
j = 48;
while ((i % j) != 0) {
    _____
    _____
}
printf ("%d\n", j);
```

(A) k = i % j;

    i = j;

    j = k;

(B) i = j;

    j = k;

    k = i % j;

(C) i = j;

    j = i % k;

    k = i;

(D) k = i;

    i = j;

    j = i % k;

解答 (A) k = i % j;

      i = j;

      j = k;

由於不知道要計算的次數，最適合利用 while 迴圈來設計。

15. 若以 f(22) 呼叫右側 f() 函式，總共會印出多少數字？〈105 年 3 月觀念題〉

```
void f(int n) {
    printf ("%d\n", n);
    while (n != 1) {
        if ((n%2)==1) {
            n = 3*n + 1;
        }
        else {
            n = n / 2;
        }
        printf ("%d\n", n);
    }
}
```

(A) 16   (B) 22   (C) 11   (D) 15

解答 (A) 16

試著將 n=22 帶入 f(22) 再觀察所有的輸出過程。

16. 下列 f() 函式執行後所回傳的值為何？〈105 年 3 月觀念題〉

```
int f() {
    int p = 2;
    while (p < 2000) {
        p = 2 * p;
    }
    return p;
}
```

(A) 1023　　　　(B) 1024　　　　(C) 2047　　　　(D) 2048

解答 (D) 2048

　　起始值：p=2

　　…………

　　第十次迴圈：p=2*p=2*1024=2048

17. 請問下列程式，執行完後輸出為何？〈105 年 10 月觀念題〉

```
int i=2, x=3;
int N=65536;

while (i <= N) {
    i = i * i * i;
    x = x + 1;
}
printf ("%d %d \n", i, x);
```

(A) 2417851639229258349412352 7

(B) 68921 43

(C) 65537 65539

(D) 134217728 6

解答 (D) 134217728 6

　　演算過程如下：

　　初始值：i=2　x=3

　　接著進入迴圈，迴圈的離開條件是判斷 i 是否小於 N(65536)。

MEMO

Chapter

6

陣列與字串速學筆記

陣列（array）是屬於 C 語言中的一種延伸資料型態，是一群具有相同名稱與資料型態的集合，並且在記憶體中佔有一塊連續記憶體空間，最適合儲存一連串相關的資料。這個觀念有點像學校的私物櫃，一排外表大小相同的櫃子，區隔的方法是每個櫃子有不同的號碼。

在 C 語言中，並沒有所謂字串這樣的基本資料型態。如果與其他的程式語言相比，C 在字串處理方面就顯得較為複雜。如果要在 C 程式中儲存字串，可以使用字元陣列方式來表示。

6-1 認識陣列

在 C 程式撰寫時，只要使用單一陣列名稱配合索引值（index），就能處理一群相同型態的資料。

6-1-1 一維陣列

一維陣列（one-dimensional array）是最基本的陣列結構，只利用到一個索引值，就可存放多個相同型態的資料。陣列也和一般變數一樣，必須事先宣告，編譯時才能分配到連續的記憶區塊。在 C 語言中，一維陣列的語法宣告如下：

```
資料型態　陣列名稱［陣列長度］；
```

當然也可以在宣告時，直接設定初始值：

```
資料型態 陣列名稱［陣列大小］={ 初始值 1, 初始值 2, … };
```

在此宣告格式中，資料型態是表示該陣列存放元素的共同資料型態，例如 C 語言的基本的資料型態（如 int、float、char…等）。陣列名稱則是陣列中所有資料的共同名稱，其命名規則與變數相同。

所謂元素個數則是表示陣列可存放的資料個數。例如在 C 語言中定義如下的一維陣列，其中元素間的關係可以如右圖表示：

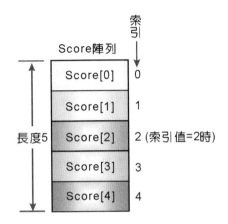

```
int Score[5];
```

在 C 語言中，陣列的索引值是從 0 開始，對於定義好的陣列，可以藉由索引值的指定來存取陣列中的資料。當執行陣列宣告後，如同將值指定給一般變數一樣，可以指定值給陣列內每一個元素：

```
Score[0]=65;
Score[1]=80;
```

如果這樣的陣列代表 5 筆學生成績，而在程式中需要輸出第 2 個學生的成績，可以如下表示：

```
printf(" 第 2 個學生的成績 :%d",Score[1]);    /* 索引值為 1 */
```

以下舉出幾個一維陣列的宣告實例：

```
int a[5];    /* 宣告一個 int 型態的陣列 a，陣列 a 中可以存放 5 筆整數資料 */
long b[3];  /* 宣告一個 long 型態的陣列 b，b 可以存放 3 筆長整數資料 */
float c[10];/* 宣告一個 float 型態的陣列 c，c 可以存放 10 筆單精度浮點數資料 */
```

此外，兩個陣列間不可以直接用「=」運算子互相指定，而只有陣列元素之間才能互相指定。例如：

```
int Score1[5],Score2[5]；
Score1=Score2；    /* 錯誤的語法 */
Score1[0]=Score2[0]；/* 正確 */
```

　　各位在定義一維陣列時，如果沒有指定陣列元素個數，那麼編譯器會將陣列長度讓初始值的個數來自動決定。例如以下定義陣列 arr 設定初值的方式，其元素個數會自動設定成 3：

```
int  arr[]={1, 2, 3};
```

範例程式 **CH06_01.c** ▶ 以下是一個陣列宣告與存取元素資料的簡單範例，使用一維陣列來記錄 5 個學生的分數，並使用 **for** 迴圈來列印出每筆學生成績及計算分數總和及平均。

```
01   #include <stdio.h>
02   #include <stdlib.h>
03
04   int main()
05   {
06       int Score[5]={ 87,66,90,65,70 };
07       /* 定義整數一維陣列 Score[5], 並設定 5 筆成績 */
08       int i=0;
09       float Total=0;
10
11       for (i=0;i< 5; i++)    /* 執行 for 迴圈輸出學生成績 */
12       {
13           printf(" 第 %d 位學生的分數 :%d\n",i+1,Score[i]);
14           Total+=Score[i];   /* 計算總成績 */
15       }
16       printf("--------------------------------\n");
17       printf(" 總分 :%.1f  平均 :%.1f\n", Total,Total/5);
18       /* 輸出成績總分及平均 */
19
20       return 0;
21   }
```

執行結果

```
第 1 位學生的分數:87
第 2 位學生的分數:66
第 3 位學生的分數:90
第 4 位學生的分數:65
第 5 位學生的分數:70
------------------------------------
總分:378.0  平均:75.6

------------------------------------
Process exited after 0.1856 seconds with return value 0
請按任意鍵繼續 . . . ■
```

程式解說

- 第 6 行：宣告整數陣列 Score，同時設定 5 個學生成績初始值。

- 第 11 行：透過 for 迴圈，設定 i 變數從 0 開始計算，並當作陣列的索引值，計算 5 位學生的總分 Total。

- 第 17 行：輸出成績總分及平均。

6-1-2 二維陣列

一維陣列當然可以擴充到二維或多維陣列，在使用上和一維陣列相似，都是處理相同資料型態資料，差別只在於維度的宣告。

在 C 語言中，二維陣列的宣告格式如下：

```
資料型態　陣列名稱 [ 列的個數 ] [ 行的個數 ]；
```

例如宣告陣列 arr 的列數是 3，行數是 5，那麼所有元素個數為 15。語法格式如下所示：

```
int arr[3][5];
```

基本上，arr 為一個 3 列 5 行的二維陣列，也可以視為 3*5 的矩陣。在存取二維陣列中的資料時，使用的索引值仍然是由 0 開始計算。下圖以矩陣圖形來說明這個二維陣列中每個元素的索引值與儲存對應關係：

	行[0]	行[0]	行[0]	行[0]	行[0]
列[0] ➤	[0][0]	[0][1]	[0][2]	[0][3]	[0][4]
列[1] ➤	[1][0]	[1][1]	[1][2]	[1][3]	[1][4]
列[2] ➤	[2][0]	[2][1]	[2][2]	[2][3]	[2][4]

當各位在二維陣列設定初始值時，為了方便區隔行與列與增加可讀性，除了最外層的 {} 外，最好以 {} 括住每一列的元素初始值，並以「,」區隔每個陣列元素，例如：

```
int A[2][3]={{1,2,3},{2,3,4}};
```

還有一點要說明，C 語言對於多維陣列註標的設定，只允許第一維可以省略不用定義，其他維數的註標都必須清楚定義出長度。例如以下的宣告範例：

```
int a[2][3] = {{1,2,3},
               {4,5,6}}; /* 合法的宣告 */
char b[ ][2] = {{'a','b'},    /* 合法的宣告，省略第一維元素個數的宣告方法 */
               {'c','d'},
               {'e','f'}};
```

```
long c[2][2] = {0};            /* 將各個元素的初值都設為 0*/
double d[3][3] = {{0.5,2.7},
                  {3.1,2.5,6.9},/* 合法的宣告 */
                  {1.5}};
int  A[2][ ]={{1,2,3},{2,3,4}}; /* 不合法的宣告 */
```

在二維陣列中，以大括號所包圍的部份表示為同一列的初值設定。因此與一維陣列相同，如果指定初始值的個數少於陣列元素，則其餘未指定的元素將自動設定為 0。例如底下的情形：

```
int A[2][5]={   {77, 85, 73}, {68, 89, 79, 94}  };
```

由於陣列中的 A[0][3]、A[0][4]、A[1][4] 都未指定初始值，所以初始值都會指定為 0。至於以下的方式，則會將二維陣列所有的值指定為 0（常用在整數陣列的初值化）：

```
int A[2][5]={ 0 };
```

以上宣告由於只用一個大括號含括，表示把二維陣列 A 視為一長串陣列。因為初始值的個數少於陣列元素，所以陣列 A 中所有元素的值都被指定為 0。

範例程式 CH06_02.c ▶ 下表是數位資訊公司三個業務代表在 2016 年前六個月，每個月每人的業績：

單位：萬元

業務員	一月	二月	三月	四月	五月	六月
1	112	76	95	120	98	68
2	90	120	88	112	108	120
3	108	99	126	90	76	98

在此就相當適合用二維陣列來加以儲存這個列表的相關資料，我們宣告 sales 陣列如下：

```
int sale[3][6]={{112,76,95,120,98,68},
                {90,120,88,112,108,120},
                {108,99,126,90,76,98}};
```

其中 sale[0][0] 代表的是第一個業務員一月的業績量，sale[0][1] 則是第一個業務員二月的業績量，sale[1][0] 則是第二個業務員一月的業績量，依此類推。以下程式範例將利用上表計算出每個業務代表的這六個月的業績總額，以及 1 ～ 6 月中，每個月這三個業務代表的總業績。

```
01   #include <stdio.h>
02   #include <stdlib.h>
03
04   int main()
05   {
06       int i,j,sum,max=0,no=1;
07       int sale[][6]={{112,76,95,120,98,68},
08                     {90,120,88,112,108,120},
09                     {108,99,126,90,76,98}};/* 省略第一維的索引值不填 */
10
11       printf("***** 數位資訊公司業務統計表 *****\n");
12       printf("----------------------------------\n");
13       for(i=0;i<3;i++)
14       {
15           sum=0;
16           for(j=0;j<6;j++)
17               sum+=sale[i][j];/* 計算每個業務員半年的業績金額 */
18           printf(" 銷售員 %d 的前半年銷售總金額為 %d\n",i+1,sum);
19           printf("----------------------------------\n");
20       }
21       printf("\n\n");
22       for(i=0;i<6;i++)
23       {
24           sum=0;
25           for(j=0;j<3;j++)
26               sum+=sale[j][i];/* 每月三個業務員的業績金額 */
27           printf(" 三個業務員 %d 月的銷售總金額為 %d\n",i+1,sum);
28           printf("==================================\n");
29       }
30
31       return 0;
32   }
```

執行結果

```
***** 數位資訊公司業務統計表 *****
---------------------------------------
銷售員1的前半年銷售總金額為, 569
---------------------------------------
銷售員2的前半年銷售總金額為, 638
---------------------------------------
銷售員3的前半年銷售總金額為, 597
---------------------------------------


三個業務員1月的銷售總金額為, 310
=======================================
三個業務員2月的銷售總金額為, 295
=======================================
三個業務員3月的銷售總金額為, 309
=======================================
三個業務員4月的銷售總金額為, 322
=======================================
三個業務員5月的銷售總金額為, 282
=======================================
三個業務員6月的銷售總金額為, 286
=======================================


---------------------------------------
Process exited after 0.1779 seconds with return value 0
請按任意鍵繼續 . . .
```

程式解說

- 第 7 ～ 9 行：宣告了一個二維整數陣列，用來存放 3 個業務員半年內每個月的業績，宣告時省略第一維的長度不填。
- 第 17 行：利用運算式 sum+=sale[i][j] 計算每個業務員半年的業績金額。
- 第 26 行：利用 sum+=sale[j][i]; 運算式計算每個月三個業務員的業績總金額。

6-1-3 多維陣列

在程式語言中，凡是二維以上的陣列都可以稱作多維陣列，只要記憶體大小許可，都可以宣告成更多維陣列來存取資料，在 C 語言中如果要提高陣列的維數，就是再多加一組括號與索引值即可。定義語法如下所示：

```
資料型態 陣列名稱 [ 元素個數 ] [ 元素個數 ] [ 元素個數 ]……. [ 元素個數 ];
```

以下舉出 C 語言中幾個多維陣列的宣告實例：

```
int Three_dim[2][3][4];      /* 三維陣列 */
int Four_dim[2][3][4][5];   /* 四維陣列 */
```

三維陣列的表示法和二維陣列一樣都可視為是一維陣列的延伸。例如下面程式片段中宣告了一個 2*2*2 的三維陣列，我們利用大括號，可將其區分為 2 個 2*2 的二維陣列，並同時設定初始值，並將陣列中的所有元素利用迴圈輸出：

```
int A[2][2][2]={{{1,2},{5,6}},{{3,4},{7,8}}};

int i,j,k;
    for(i=0;i<2;i++)        /* 外層迴圈 */
        for(j=0;j<2;j++)      /* 中層迴圈 */
            for(k=0;k<2;k++) /* 內層迴圈 */
                printf("A[%d][%d][%d]=%d\n",i,j,k,A[i][j][k]);
```

例如宣告一個單精度浮點數的三維陣列：

```
float  arr[2][3][4];
```

以下是將 arr[2][3][4] 三維陣列想像成空間上的立方體圖形：

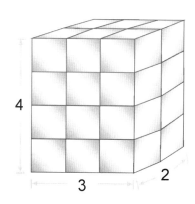

在設定初始值時，各位可以想像成要初始化 2 個 **3*4** 的二維陣列，我們還是藉由大括號，讓各位更能清楚分別：

```
int arr[2][3][4]={ { {1,3,5,6},          /* 第一個 3*4 的二維陣列 */
                    {2,3,4,5},
                    {3,3,3,3}
                    },
                  { {2,3,3,54},           /* 第二個 3*4 的二維陣列 */
                    {3,5,3,1},
                    {5 ,6,3,6}
                  } };
```

範例程式 CH06_03.c ▶ 以下範例是為了加強各位在 **C** 語言多維陣列的應用與了解，請計算以下 **arr** 三維陣列中所有元素值的總和，並將資料值為負數的元素都換為 **0**，再輸出新陣列的所有內容：

```
int arr[4][3][3]={{{1,-2,3},{4,5,-6},{8,9,2}},
                  {{7,-8,9},{10,11,12},{0,3,2}},
                  {{-13,14,15},{16,17,18},{3,6,7}},
                  {{19,20,21},{-22,23,24},(-6,9,12)}};
```

```
01  #include <stdio.h>
02  #include <stdlib.h>
03
04  int main()
05  {
06      int i,j,k,sum=0;
07
08      int arr[4][3][3]={{{1,-2,3},{4,5,-6},{8,9,2}},
09              {{7,-8,9},{10,11,12},{0,3,2}},
10              {{-13,14,15},{16,17,18},{3,6,7}},
11              {{19,20,21},{-22,23,24},(-6,9,12)}};/* 宣告並設定陣列元素值 */
12
13      for(i=0;i<4;i++)
14      {
15          for(j=0;j<3;j++)
16          {
17              for(k=0;k<3;k++)
```

```
18                  {
19                      sum+=arr[i][j][k];
20                      if (arr[i][j][k]<0)
21                          arr[i][j][k]=0;/* 元素值於為負數，則歸零 */
22                      printf("%d\t",arr[i][j][k]);
23                  }
24                  printf("\n");
25              }
26          printf("\n");
27          }
28      printf("---------------------------\n");
29      printf(" 原陣列的所有元素值總和 =%d\n",sum);
30      printf("---------------------------\n");
31
32      return 0;
33  }
```

執行結果

```
1       0       3
4       5       0
8       9       2

7       0       9
10      11      12
0       3       2

0       14      15
16      17      18
3       6       7

19      20      21
0       23      24
0       9       12

---------------------------
原陣列的所有元素值總和=253
---------------------------

---------------------------
Process exited after 0.1578 seconds with return value 0
請按任意鍵繼續 . . .
```

程式解說

◆ 第 8 ～ 11 行：宣告並設定 arr 陣列元素值。

- 第 13、15、17 行：由三層 for 迴圈來進行運算。
- 第 19 行：將所有元素值累加到 sum 變數。
- 第 20 ～ 21 行：如果元素值為負數，則資料值重新設定為零。
- 第 29 行：輸出所有元素值的總和。

6-2 字串簡介

各位在 C 語言中如果要使用字串，可以使用字元陣列方式來表示，例如字元是以單引號（'）包括起來，字串則是以雙引號（"）包括起來。例如 'a' 與 "a" 分別代表字元常數及字串常數，兩者的差別就在於字串的結束處會多安排 1 個位元組的空間來存放 '\0' 字元，作為這個字串結束時的符號。

6-2-1 字串宣告

字串宣告的第一個重點就是必須使用空字元（'\0'）來代表每一個字串的結束，以下是 C 語言中常用的字串宣告方式有兩種：

```
方式 1：char 字串變數 [ 字串長度 ]=" 初始字串 "；
方式 2：char 字串變數 [ 字串長度 ]={' 字元 1', ' 字元 2', ...... ,' 字元 n', '\0'}；
```

例如以下四種字串宣告方式：

```
char Str_1[6]="Hello";
char Str_2[6]={ 'H', 'e', 'l', 'l', 'o' , '\0'};
char Str_3[ ]="Hello";
char Str_4[ ]={ 'H', 'e', 'l', 'l', 'o', '!' };
```

其中在第一、二、三種方式中都是合法的字串宣告，雖然 Hello 只有 5 個字元，但因為編譯器還必須加上 '\0' 字元，所以陣列長度需宣告為 6，如宣告長度不足，可能會造成編譯器上的錯誤。當然也可以選擇不要填入陣列大小，讓編譯器來自動安排記憶體空間，如第三種方式。但 Str_4 並不是字串常數，因為最後字元並不是 '\0' 字元。

範例程式 CH06_04.c ▶ 以下範例是介紹四種字串宣告方式，各位可以實際執行結果，並比較其間的不同之處。

```
01    #include <stdio.h>
02    #include <stdlib.h>
03
04    int main()
05    {
06
07        /* 四種字串宣告與設定初值模式 */
08        char Str_1[6]="Hello";
09        char Str_2[6]={ 'H', 'e', 'l', 'l','o','\0'};
10        char Str_3[ ]="Hello";
11        char Str_4[ ]={ 'H', 'e', 'l', 'l', 'o', '!' };
12
13
14        printf("%s\n",Str_1);
15        printf("%s\n",Str_2);
16        printf("%s\n",Str_3);
17        printf("%s\n",Str_4);
18
19        return 0;
20    }
```

執行結果

```
Hello
Hello
Hello
Hello!    E
_____
Process exited after 0.1411 seconds with return value 0
請按任意鍵繼續 . . .
```

程式解說

◆ 第 8 ～ 10 行：為合法的字串宣告方式。

◆ 第 11 行：宣告僅是一種字元陣列，因為沒有結尾字元（'\0'），不能算是一種字串。

◆ 第 17 行：輸出時，螢幕上會出現奇怪的符號。

範例程式 **CH06_05.c** ▶ 以下範例是計算一個輸入字串的長度，我們利用 **while** 迴圈，從字串中一個一個取出字元來累加，直到遇到字串的結尾字元（'\0'）才停止，最後輸出其值。

```
01  #include<stdio.h>
02  #include<stdlib.h>
03
04  int main()
05  {
06      int length;/* 用作計算字串的長度 */
07      char str[30];/*  宣告此字串最多可儲存 30 個字元 */
08
09      printf(" 請輸入字串 :");
10      /* 輸入字串 */
11      gets(str);
12      printf(" 輸入的字串為 :%s\n",str);
13      length=0;
14      while (str[length]!='\0')
15          length++;
16      printf(" 此字串有 %d 個英文字元 \n",length);
17
18      return 0;
19  }
```

執行結果

```
請輸入字串:programming
輸入的字串為:programming
此字串有11個英文字元
_____
Process exited after 22.63 seconds with return value 0

請按任意鍵繼續 . . .
```

程式解說

- 第 6 行：length 變數用來作計算字串的長度。

- 第 7 行：宣告此字串最多可儲存 30 個字元。

- 第 11 行：以 gets() 函數輸入字串，所以字串中可以有空格。

- 第 13 行：宣告 length=0。

- 第 14、15 行：以 while 迴圈，當此元素不為結尾字元，length 變數就累加 1。

- 第 16 行：輸出這個字串的字元數。

6-2-2　字串陣列

由於一個字串是以一維字元陣列來儲存，如果有許多關係相近的字串集合時，就稱為字串陣列，這時各位可以使用二維字元陣列來表達。例如一個班級中所有學生的姓名，每個姓名都有許多字元所組成的字串，這時就可使用字串陣列來加以儲存。字串陣列宣告方式如下：

```
char 字串陣列名稱 [ 字串數 ][ 字元數 ];
```

上式中字串數是表示字串的個數，而字元數是表示每個字串的最大可存放字元數，並且包含了（ '\0' ）結尾字元。當然也可以在宣告時就設定初始值，不過要記得每個字串元素間都必須包含於雙引號之內，而且每個字串間要以逗號「 , 」分開。語法格式如下：

```
char 字串陣列名稱 [ 字串數 ][ 字元數 ]={ " 字串常數 1", " 字串常數 2", " 字串常數 3"…};
```

例如以下宣告 Name 的字串陣列，且包含 5 個字串，每個字串包括 '\0' 字元，字串長度為 10 個位元組：

```
char Name[5][10]={ "John",
                   "Mary",
                   "Wilson",
                   "Candy",
                   "Allen"
                 };
```

字串陣列雖然是二維字元陣列，當各位要輸出此 Name 陣列中第二個字串時，可以直接以 printf("%s",Name[1]) 方式的指令輸出即可。如果是要輸出第二個字串中的第一個字元，則仍然必須利用二維陣列的指令輸出，例如 printf("%s",Name[1][0])。

範例程式 **CH06_06.c** ▶ 以下範例是字串陣列的應用，用來儲存由使用者輸入的 3 筆學生姓名資料及每位學生的三科成績，並以橫列方式輸出每位學生的姓名、三科成績及總分。

```
01  #include <stdio.h>
02  #include <stdlib.h>
03
04  int main()
05  {
06      char name[3][10];
07      int  score[3][3];/* 宣告儲存姓名與成績陣列 */
08      int i,total;
09
10      for(i=0;i<3;i++)
11      {
12          printf(" 請輸入姓名及三科成績 :");
13          scanf("%s",&name[i]);/* 輸入每一筆姓名 */
14          scanf("%d %d %d",&score[i][0],&score[i][1],&score[i][2]);
15          /* 輸入三科成績 */
16      }
17      printf("------------------------------------\n");
18
19      for(i=0;i<3;i++)
20      {
```

```
21          printf("%s\t%d\t%d\t%d",name[i],score[i][0],score[i][1],
                score[i][2]);
22          total=score[i][0]+score[i][1]+score[i][2];/* 計算三科總分 */
23          printf("\t%d\n",total);/* 輸出三科的總分 */
24      }
25      printf("---------------------------------\n");
26
27      return 0;
28  }
```

執行結果

```
請輸入姓名及三科成績:許大富 90 78 86
請輸入姓名及三科成績:鄭介男 87 65 94
請輸入姓名及三科成績:吳建文 86 85 76
---------------------------------
許大富    90      78      86      254
鄭介男    87      65      94      246
吳建文    86      85      76      247
---------------------------------

---------------------------------
Process exited after 60.48 seconds with return value 0
請按任意鍵繼續 . . .
```

程式解說

◆ 第 6～7 行：宣告儲存姓名與成績的兩個陣列。

◆ 第 13、14 行：以 scanf() 函數來輸入每一筆姓名字串與三科成績。

◆ 第 21 行：我們直接以一維陣列 name[i] 來輸出每位學生的名字。

◆ 第 22 行：計算三科成績的總分。

課後評量

1. 請指出以下程式碼是否有錯？為什麼？

```
char Str1[]="Hello";
char Str2[20];
Str2=Str1;
```

2. 請問以下 str1 與 str2 字串，分別佔了多少位元組（bytes）？

```
char str1[ ]= "You are a good boy";
char str2[ ]= "This is a bad book  ";
```

3. 假設這個陣列的起始位置指向 1200，試求 address[23] 的記憶體開始位置。

4. 請簡述 'a' 與 "a" 的不同？

5. 以下程式預定要顯示字串內容，但是結果不如預期，請問出了什麼問題？

```
01  #include <stdio.h>
02  int main(void){
03      char str[]={'J','u','s','t'};
04      printf("%s",str);
05      return 0;
06  }
```

6. 請問以下多維陣列的宣告是否正確？

```
int  A[3][ ]={{1,2,3},{2,3,4},{4,5,6}};
```

7. 請問此二維陣列中有哪些陣列元素初始值是 0？

```
int A[2][5]={  {77, 85, 73}, {68, 89, 79, 94}  };
```

APCS 檢定考古題

1. 大部分程式語言都是以列為主的方式儲存陣列。在一個 8*4 的陣列（array）A 裡，若每個元素需要兩單位的記憶體大小，且若 A[0][0] 的記憶體位址為 108（十進制表示），則 A[1][2] 的記憶體位址為何？〈105 年 3 月觀念題〉

(A) 120　　　　　(B) 124　　　　　(C) 128　　　　　(D) 以上皆非

解答 (A) 120

2. 下列程式片段執行過程的輸出為何？〈105 年 10 月觀念題〉

```
int i, sum, arr[10];

for (int i=0; i<10; i=i+1)
    arr[i] = i;
sum = 0;
for (int i=1; i<9; i=i+1)
    sum = sum - arr[i-1] +
    arr[i] + arr[i+1];
printf ("%d", sum);
```

(A) 44　　　　　(B) 52　　　　　(C) 54　　　　　(D) 63

解答 (B) 52

　　初始值 sum=0，arr[0]=0、arr[1]=1、…arr[9]=9 逐步帶入計算即可求解。

3. 若 A 是一個可儲存 n 筆整數的陣列，且資料儲存於 A[0] ～ A[n-1]。經過下列程式碼運算後，以下何者敘述不一定正確？〈106 年 3 月觀念題〉

```
int A[n]={ … };
int p = q = A[0];
for (int i=1; i<n; i=i+1) {
    if (A[i] > p)
        p = A[i];
    if (A[i] < q)
        q = A[i];
}
```

(A) p 是 A 陣列資料中的最大值　　(B) q 是 A 陣列資料中的最小值

(C) q < p　　　　　　　　　　　　(D) A[0] <= p

解答 (C) q < p

4. 下列程式擬找出陣列 A[] 中的最大值和最小值。不過，這段程式碼有誤，請問 A[] 初始值如何設定就可以測出程式有誤？〈106 年 3 月觀念題〉

```c
int main () {
    int M = -1, N = 101, s = 3;
    int A[] = _____?_____;

    for (int i=0; i<s; i=i+1) {
        if (A[i]>M) {
            M = A[i];
        }
        else if (A[i]<N) {
            N = A[i];
        }
    }
printf("M = %d, N = %d\n", M, N);
return 0;
}
```

(A) {90, 80, 100}　　　　　　　(B) {80, 90, 100}

(C) {100, 90, 80}　　　　　　　(D) {90, 100, 80}

解答 (B) {80, 90, 100}

就以選項 (A) 為例，其迴圈執行過程如下：

當 i=0，A[0]=90>-1，故執行 M = A[i]，此時 M=90。

當 i=1，A[1]=80<90 且 90<101，故執行 N = A[i]，此時 N=80。

當 i=2，A[2]=100>90，故執行 M = A[i]，此時 M=100。

此選項符合陣列的給定值，因此選項 (A) 無法測試出程式有錯誤。同理，各位就可以試著去試看看其他選項。

5. 經過運算後，下列程式的輸出為何？〈105 年 3 月觀念題〉

```
for (i=1; i<=100; i=i+1) {
    b[i] = i;
}
a[0] = 0;
for (i=1; i<=100; i=i+1) {
    a[i] = b[i] + a[i-1];
}
printf ("%d\n", a[50]-a[30]);
```

(A) 1275　　　　　　(B) 20　　　　　　(C) 1000　　　　　　(D) 810

解答 (D) 810

6. 請問下列程式輸出為何？〈105 年 3 月觀念題〉

```
int A[5], B[5], i, c;
    ...
for (i=1; i<=4; i=i+1) {
    A[i] = 2 + i*4;
    B[i] = i*5;
    }
c = 0;
for (i=1; i<=4; i=i+1) {
    if (B[i] > A[i]) {
        c = c + (B[i] % A[i]);
    }
    else {
        c = 1;
    }
}
printf ("%d\n", c);
```

(A) 1　　　　　　(B) 4　　　　　　(C) 3　　　　　　(D) 33

解答 (B) 4

逐步將 i=1 帶入計算即可。

7. 定義 a[n] 為一陣列（array），陣列元素的指標為 0 至 n-1。若要將陣列中 a[0] 的元素移到 a[n-1]，下列程式片段空白處該填入何運算式？〈105 年 3 月 觀念題〉

```
int i, hold, n;
    ...
for (i=0; i<=_____; i=i+1) {
    hold = a[i];
    a[i] = a[i+1];
    a[i+1] = hold;
}
```

(A) n+1　　　　　(B) n　　　　　(C) n-1　　　　　(D) n-2

解答 (D) n-2

這支程式的作用在於逐一交換位置，最後將陣列中 a[0] 的元素移到 a[n-1]，此例空白處只要填入 n-2 就可以達到題目的要求。

8. 若 A[][] 是一個 M*N 的整數陣列，下列程式片段用以計算 A 陣列每一列的 總和，以下敘述何者正確？〈106 年 3 月觀念題〉

```
void main () {
    int rowsum = 0;
    for (int i=0; i<M; i=i+1) {
        for (int j=0; j<N; j=j+1) {ap305
            rowsum = rowsum + A[i][j];
        }
    printf("The sum of row %d is %d.\n", i, rowsum);
    }
}
```

(A) 第一列總和是正確，但其他列總和不一定正確

(B) 程式片段在執行時會產生錯誤（run-time error）

(C) 程式片段中有語法上的錯誤

(D) 程式片段會完成執行並正確印出每一列的總和

解答 (A) 第一列總和是正確，但其他列總和不一定正確。

9. 若 A[1]、A[2]，和 A[3] 分別為陣列 A[] 的三個元素（element），下列哪個程式片段可以將 A[1] 和 A[2] 的內容交換？〈106 年 3 月觀念題〉

(A) A[1] = A[2]; A[2] = A[1];

(B) A[3] = A[1]; A[1] = A[2]; A[2] = A[3];

(C) A[2] = A[1]; A[3] = A[2]; A[1] = A[3];

(D) 以上皆可

解答 (B) A[3] = A[1]; A[1] = A[2]; A[2] = A[3];

必須以另一個變數 A[3] 去暫存 A[1] 內容值，再將 A[2] 內容值設定給 A[1]，最後再將剛才暫存的 A[3] 內容值設定給 A[2]。

10. 若宣告一個字元陣列 char str[20] = "Hello world!"; 該陣列 str[12] 值為何？〈105 年 10 月觀念題〉

(A) 未宣告　　　　　(B) \0　　　　　　(C) !　　　　　　(D) \n

解答 (B) \0

Chapter

7

函數與演算法的
關鍵技巧

軟體開發是相當耗時且複雜的工作，當需求
及功能愈來愈多，程式碼自然就會愈來愈龐大，
這時多人分工合作來完成軟體開發是勢在必行
的。那麼應該如何解決上述問題呢？在 C 語言 中
提供了相當方便實用的函數功能，可以讓程式更
加具有結構化與模組化的特性。C 語言的程式架構
中就包含了最基本的函數，也就是大家耳熟能詳
的 main() 函數。函數是 C 語言的主要核心架構與
基本模組，整個 C 語言程式的撰寫，就是由這些
各俱功能的函數所組合而成。

函數就如同現實生活中分工合
作的概念

「演算法」（Algorithm）不但是人類利用電腦解決問題的技巧之一，也是
程式設計領域中最重要的關鍵，常常被使用為程式設計的第一個步驟，甚至日
常生活中也有許多工作都可以利用演算法來描述，例如員工的工作報告、寵物
的飼養過程、廚師準備美食的食譜、學生的功課表等，甚至於連我們平時經常
使用的搜尋引擎都必須藉由不斷更新演算法來運作。

學生小華上學買早餐也能以簡單演算法表示

7-1 大話函數

所謂函數，就是一段程式敘述的集合，並且給予一個名稱來代表此程式碼集合。C 語言的函數可區分為系統本身提供的標準函數，及使用者自行定義的自訂函數兩種。使用標準函數只要將所使用的相關函數標頭檔含括（include）進來即可，而自訂函數則是使用者依照需求來設計的函數，這也是本章即將說明的重點所在。

7-1-1 函數原型宣告與定義

由於 C 程式在進行編譯時是採用由上而下的順序，如果在函數呼叫前沒有編譯過這個函數的定義，那麼 C 編譯器就會傳回函數名稱未定義的錯誤。這時候就必須在程式尚未呼叫函數時，先宣告函數的原型（prototyping），告訴編譯器有函數的存在。語法格式如下：

```
回傳值型態 函數名稱（引數型態 1 引數 1, 引數型態 2, …, 引數型態 n 引數 n ）;
```

使用者可以自行定義引數個數與引數資料型態，並指定回傳值型態。如果沒有回傳值，通常會使用以下形式：

```
void 函數名稱 （引數型態 1 引數 1, 引數型態 2, …, 引數型態 n 引數 n ）;
```

如果沒有任何需要傳遞的引數呢？同樣也是以關鍵字 void 來表示。因此有回傳值但沒有引數的形式：

```
回傳值型態 函數名稱 (void);
```

以下則是沒有回傳值也沒有引數的函數：

```
void 函數名稱 (void);
```

　　一般原型宣告的位置會將函數原型宣告放置於程式開頭，通常是位於 #include 與 main() 之間。函數原型宣告語法格式如下兩種：

```
傳回資料型態 函數名稱 ( 資料型態 參數 1, 資料型態 參數 2, ………. );
或
傳回資料型態 函數名稱 ( 資料型態 , 資料型態 , ………. );
```

　　例如一個函數 sum() 可接收兩筆成績參數，並傳回其最後計算總和值，原型宣告如下：

```
int sum(int score1,int score2);
或是
int sum(int, int);
```

　　清楚了函數的原型宣告後，接下來我們要知道如何開始定義一個函數的主體架構。函數定義則是函數架構中最重要的部分，它定義一個函數的內部流程運作，包括接收什麼參數，進行什麼處理，在處理完成後又回傳什麼資料等等。

　　如果空有函數的宣告，卻沒有函數的定義，這個函數就像一部空有外殼而沒有實際運作功能的機器一樣，根本無法使用。自訂函數在 C 語言中的定義方式與 main() 函數類似，基本架構如下：

```
回傳值型態 函數名稱 ( 引數型態 1 引數 1, 引數型態 2, …, 引數型態 n 引數 n )
{
    函數主體 ;
    ...
    return 傳回值 ;
}
```

　　一般來說，使用函數的情況大多都是進行處理計算的工作，因此都需要回傳結果給函數呼叫者，在定義傳回值時就不能使用 void，一旦指定函數的傳回值不為 void，則在函數中一定要使用 return 來傳回一個數值，否則編譯器將回報錯誤。而如果函數沒有傳回值，就可以省略 return 敘述。

讓函數將結果傳回時必須要指定一個資料型態給傳回值，而在接收函數傳回值的這方與儲存傳回值的變數或數值？它們的型態必須與函數定義的傳回值型態一樣。傳回值的使用格式如下：

```
return 傳回值 ;
```

函數名稱是準備定義函數的第一步，是由設計者自行來命名，命名規則與變數命名規則一樣，最好能具備可讀性。千萬避免使用不具任何意義的字眼作為函數的名稱，例如 bbb、aaa 等。

不過在函數名稱後面括號內的參數列，可不能像原型宣告時，只寫上各參數的資料型態即可，務必同時填上每一個資料型態與參數名稱。至於函數主體則是由 C 語言的指令組成，在程式碼撰寫的風格上，我們建議各位盡量使用註解來說明函數的作用。

7-1-2 函數呼叫

當函數建立好之後，就可以在程式中直接呼叫該函數名稱來執行函數。在進行函數呼叫時，只要將需要處理的參數傳給該函數，並安排變數來接收函數運算的結果，就可以正確且妥善地使用函數。

函數回傳值一方面可以代表函數的執行結果，另一方面可以用來檢測函數是否有成功地執行完成。函數呼叫的方式有兩種，假如沒有傳回值，通常直接使用函數名稱即可呼叫函數。語法格式如下：

```
函數名稱 ( 引數 1, 引數 2, ……….);
```

如果函數有傳回值，則可運用指定運算子 "=" 將傳回值指定給變數。如下所示：

```
變數 = 函數名稱 ( 引數 1, 引數 2, ……….);
```

範例程式 **CH07_01.c** ▶ 以下範例將說明函數的基本定義與呼叫方法，包括函數的宣告、函數呼叫及函數主體架構的定義，功能是要求使用者輸入兩個數字，並比較哪一個數字較大。如果輸入的兩數一樣，則輸出任一數。

```
01    #include <stdio.h>
02    #include <stdlib.h>
03
04    int mymax(int,int); /* 函數原型宣告 */
05
06    int main()
07    {
08        int a,b;
09        printf(" 數字比大小 \n 請輸入 a:");
10        scanf("%d",&a);
11        printf(" 請輸入 b:");
12        scanf("%d",&b);
13        printf(" 較大者之值為 :%d\n",mymax(a,b));/* 函數呼叫 */
14
15        return 0;
16    }
17
18    int mymax(int x,int y)
19    { /* 函數定義主體 */
20        if(x>y)
21            return x;
22        else
23            return y;
24    }
```

執行結果

```
數字比大小
請輸入a:45
請輸入b:32
較大者之值為:45

----------------------------------
Process exited after 3.38 seconds with return value 0
請按任意鍵繼續 . . .
```

程式解說

- 第 4 行：在 main 函數前的 int mymax(int,int) 就是函數的原型宣告。

- 第 13 行：在 main 函數中為了要使用 mymax 函數，必須要呼叫 mymax(a,b) 函數，並以 a 與 b 當作參數傳遞給 mymax 函數。

- 第 18 ～ 24 行：是函數定義主體，其中第 21 ～ 23 行是利用 > 符號判定究竟是 x 較大或是 y 較大，並輸出較大值。

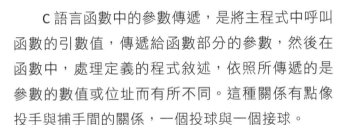

7-2　參數傳遞方式

C 語言函數中的參數傳遞，是將主程式中呼叫函數的引數值，傳遞給函數部分的參數，然後在函數中，處理定義的程式敘述，依照所傳遞的是參數的數值或位址而有所不同。這種關係有點像投手與捕手間的關係，一個投球與一個接球。

C 語言的函數參數傳遞的方式可以分為「傳值呼叫」（call by value）與「傳址呼叫」（call by address）兩種。

函數參數傳遞過程很像是投手與捕手間的相互關係

Tips

我們實際呼叫函數時所提供的參數，通常簡稱為「引數」或實際參數（Actual Parameter），而在函數主體或原型中所宣告的參數，常簡稱為「參數」或形式參數（Formal Parameter）。

7-2-1 傳值呼叫

傳值呼叫方式的特點是不會更動到原先主程式中呼叫的變數內容。也就是指主程式呼叫函數的實際參數時，系統會將實際參數的數值傳遞並複製給函數中相對應的形式參數。基本上，C 語言預設的參數傳遞方式就是傳值呼叫（call by value），傳值呼叫的函數原型宣告如下所示：

```
回傳資料型態 函數名稱（資料型態 參數 1，資料型態 參數 2，……….）;
或
回傳資料型態 函數名稱（資料型態，資料型態，……….）;
```

傳值呼叫的函數呼叫型式如下所示：

```
函數名稱（引數 1，引數 2，……….）;
```

範例程式 **CH07_02.c** ▶ 將兩個變數的內容傳給自訂函數 swap_test() 以進行交換，不過並不會針對引數本身作修改，所以不會達到變數內容交換的功能。

首先宣告一個函數 void swap_test（int,int），該函數僅接受引數以數值呼叫方式傳入。因此，呼叫 swap_test 時傳入的 a 與 b 僅是將兩變數本身的數值作一份副本。如右圖所示：

因此原本 a 與 b 的數值是 10 與 20，在呼叫 swap_test 函數後，僅針對函數中的 x 與 y 進行交換，亦即 x 與 y 的數值原本是 10 與 20。交換後，x 為 20，而 y 為 10，不過並不會針對引數本身作修改，所以不會達到變數內容交換的功能，請各位仔細觀察輸出結果。

```
01   #include <stdio.h>
02   #include <stdlib.h>
03
04   void swap_test(int,int);/* 傳值呼叫函數 */
05
06   int main()
07   {
08       int a,b;
09       a=10;
10       b=20;/* 設定 a,b 的初值 */
11       printf(" 函數外交換前：a=%d, b=%d\n",a,b);
12       swap_test(a,b);/* 函數呼叫 */
13       printf(" 函數外交換後：a=%d, b=%d\n",a,b);
14
15
16       return 0;
17   }
18
19   void swap_test(int x,int y)/* 未傳回值 */
20   {
21       int t;
22       printf(" 函數內交換前：x=%d, y=%d\n",x,y);
23       t=x;
24       x=y;
25       y=t;/* 交換過程 */
26       printf(" 函數內交換後：x=%d, y=%d\n",x,y);
27   }
```

執行結果

```
函數外交換前：a=10, b=20
函數內交換前：x=10, y=20
函數內交換後：x=20, y=10
函數外交換後：a=10, b=20

----------------------------------
Process exited after 0.1727 seconds with return value 0
請按任意鍵繼續 . . .
```

程式解說

- 第 4 行：傳值呼叫函數的原型宣告。
- 第 9 ～ 10 行：設定 a、b 的初值。
- 第 12 行：函數呼叫指令。
- 第 19 行：未傳回值的函數。
- 第 23 ～ 25 行：x 與 y 數值的交換過程。

7-2-2 傳址呼叫

C 函數的傳址呼叫（call by address）是表示在呼叫函數時，系統並沒有另外分配實際的位址給函數的形式參數，而是將實際參數的位址直接傳遞給所對應的形式參數。

在 C 語言中要進行傳址呼叫，我們必須宣告指標（Pointer）變數作為函數的引數，因為指標變數是用來儲存變數的記憶體位址，呼叫的函數在呼叫引數前必須加上 & 運算子。傳址方式的函數宣告型式如下所示：

```
回傳資料型態 函數名稱 ( 資料型態 * 參數 1, 資料型態 * 參數 2, ……….);
或
回傳資料型態 函數名稱 ( 資料型態 *, 資料型態 *, ……….);
```

傳址呼叫的函數呼叫型式如下所示：

```
函數名稱 (& 引數 1,& 引數 2, ……….);
```

Tips

進行傳址呼叫時必需特別使用到「*」取值運算子和「&」取址運算子，說明如下：

- 「*」取值運算子：可以取得變數在記憶體位址上所儲存的值。
- 「&」取址運算子：可以取得變數在記憶體上的位址。

　　如果以上一小節 CH07_02.c 範例來說，到底要怎麼修改，才能讓主程式中的 a 與 b 藉由 swap_test() 函數進行數值的交換呢？很簡單，只要將函數修改為傳址呼叫的形式，就能解決上述的問題，讓兩個數值確實交換。

　　我們可以將函數的宣告修改為 void swap_test(int *,int *)，指定傳入的引數必須是兩個整數的位址，並以兩個整數指標 *x 與 *y 來接受參數，就可以真正更動兩個變數的內容。如右圖所示：

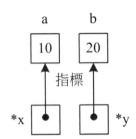

範例程式 **CH07_03.c** ▶ 以下是傳址呼叫的基本範例，其他傳址呼叫的函數結構也都大同小異。各位可以透過自訂函數 **void swap_test(int *,int *)**，指定傳入的引數必須是兩個整數的位址，並以兩個整數指標 ***x** 與 ***y** 來接受參數，就可以更動兩個變數的內容。

```
01  #include <stdio.h>
02  #include <stdlib.h>
03  #include <string.h>
04
05  void swap_test(int *,int *);/* 函數傳址呼叫 */
06
07  int main()
08  {
09      int a,b;
10      a=10;
11      b=20;
12      printf(" 函數外交換前：a=%d, b=%d\n",a,b);
13      swap_test(&a,&b);/* 傳址呼叫 */
14      printf(" 函數外交換後：a=%d, b=%d\n",a,b);
15
16
17      return 0;
18  }
19
20  void swap_test(int *x,int *y)
21  {
```

```
22      int t;
23      printf(" 函數內交換前：x=%d, y=%d\n",*x,*y);
24      t=*x;
25      *x=*y;
26      *y=t;/* 交換過程 */
27      printf(" 函數內交換後：x=%d, y=%d\n",*x,*y);
28
29  }
```

執行結果

```
函數外交換前：a=10, b=20
函數內交換前：x=10, y=20
函數內交換後：x=20, y=10
函數外交換後：a=20, b=10

--------------------------------
Process exited after 0.182 seconds with return value 0
請按任意鍵繼續 . . . ▇
```

程式解說

◆ 第 5 行：函數傳址呼叫，指定傳入的引數必須是兩個整數的位址，並以兩個整數指標 *x 與 *y 來接受參數。

◆ 第 13 行：必須加上 & 運算子來呼叫引數。

◆ 第 24 ～ 26 行：若要交換資料則必須使用「*」運算子，因為 x 與 y 是整數指標，必須透過「*」運算子來存取其內容。

7-2-3 陣列參數傳遞

當我們在函數中要傳遞的對象不只一個，例如陣列資料，也能透過位址與指標的方式進行處理並得到結果。由於陣列名稱所儲存的值其實就是陣列第一個元素的記憶體位址，所以我們可以直接利用傳址呼叫的方式將陣列指定給另一個函數，這時如果在函數中改變了陣列內容，所呼叫主程式中的陣列內容當然也會隨之改變。

不過由於陣列大小必須依據所擁有的元素個數，所以在陣列參數傳遞過程，最好是可以加上傳送陣列長度的引數。請看以下一維陣列參數傳遞的函數宣告：

```
(回傳資料型態 or void)  函數名稱（資料型態 陣列名稱 [ ]，資料型態 陣列長度…）；
或
(回傳資料型態 or void) 函數名稱（資料型態 *陣列名稱，資料型態 陣列長度 ...）；
```

而一維陣列參數傳遞的函數呼叫方式如下所示：

```
函數名稱（資料型態 陣列名稱，資料型態 陣列長度…）；
```

範例程式 **CH07_04.c** ▶ 以下範例是將一維陣列 **array** 以傳址呼叫的方式傳遞給 **Multiple()** 函數，在函數中將每個一維 **arr** 陣列中的元素值都乘以 **10**，同時也會將主程式中的 **array** 陣列的元素值都改變。

```c
01   #include <stdio.h>
02   #include <stdlib.h>
03
04   void Multiple(int arr[],int);        /* 函數 Multiple() 的原型 */
05
06   int main()
07   {
08       int i,array[6]={ 1,2,3,4,5,6 };
09       int n=6;
10
11       printf(" 呼叫 Multiple() 前，陣列的內容為：");
12       for(i=0;i<n;i++)  /* 印出陣列內容 */
13           printf("%d ",array[i]);
14       printf("\n");
15       Multiple(array,n);                /* 呼叫函數 Multiple2() */
```

```
16        printf(" 呼叫 Multiple() 後 , 陣列的內容為 : ");
17        for(i=0;i<n;i++)  /* 印出陣列內容 */
18            printf("%d ",array[i]);
19        printf("\n");
20
21        return 0;
22   }
23
24   void Multiple(int arr[],int n1)
25   {
26        int i;
27        for(i=0;i<n1;i++)
28            arr[i]*=10;
29   }
```

執行結果

```
呼叫 Multiple()前,陣列的內容為: 1 2 3 4 5 6
呼叫 Multiple()後,陣列的內容為: 10 20 30 40 50 60

--------------------------------
Process exited after 0.1694 seconds with return value 0
請按任意鍵繼續 . . .
```

程式解說

◆ 第 4 行：是函數的原型宣告，傳遞一維陣列 arr[ ] 與一個整數，在括號 [ ] 中的長度可寫也可不寫。

◆ 第 12 ～ 13 行：輸出 array 陣列所有元素。

◆ 第 15 行：直接用陣列名稱，也就是傳遞陣列位址來呼叫函數 Multiple()。

◆ 第 24 ～ 29 行：定義 Multiple() 函數主體。

　　基本上，多維陣列參數傳遞的原精神和一維陣列大致相同。例如傳遞二維陣列，只要再加上一個維度大小的參數就可以。還有一點要特別提醒各位，所傳遞陣列的第一維可以省略不用填入元素個數,不過其他維度可得乖乖地填上元素個數,否則編譯時會產生錯誤。二維陣列參數傳遞的函數宣告型式如下所示:

> (回傳資料型態 or void)　函數名稱 (資料型態　陣列名稱 [ ] [行數]　, 資料型態　列數 , 資料型態　行數 ...);

　　而二維陣列參數傳遞的函數呼叫如下所示:

> 函數名稱　(資料型態　陣列名稱　,　資料型態　列數 ,　資料型態　行數…);

範例程式 **CH07_05.c** ▶ 以下範例是將二維陣列 **score** 以傳址呼叫的方式傳遞給 **print_arr()** 函數,並在函數中輸出陣列中的每個元素,請注意函數的宣告與呼叫時,二維陣列的表示方法。

```
01   #include<stdio.h>
02   #include<stdlib.h>
03
04   /* 函數原型宣告,第一維可省略,其他維數的註標都必須清楚定義長度 */
05   void print_arr(int arr[][5],int,int);
06
07   int main()
08   {
09       /* 宣告並初始化二維成績陣列 */
10       int score_arr[][5]={{59,69,73,90,45},{81,42,53,64,55}};
11       print_arr(score_arr,2,5);/* 傳址呼叫並傳遞二維陣列 */
12
13       return 0;
14   }
15
16
17   void print_arr(int arr[][5],int r,int c)
18   {
19       int i,j;
20       for(i=0; i<r; i++)
21       {
22           for(j=0; j<c;j++)
```

```
23              printf("%d  ",arr[i][j]);/* 輸出二維陣列各元素的函數 */
24          printf("\n");
25       }
26  }
```

執行結果

```
59   69   73   90   45
81   42   53   64   55

--------------------------------
Process exited after 0.1487 seconds with return value 0
請按任意鍵繼續 . . .
```

程式解說

- ◆ 第 5 行：第一維元素個數省略可以不用定義，其他維數的註標都必須清楚定義長度。

- ◆ 第 10 行：宣告並初始化二維成績陣列。

- ◆ 第 11 行：傳址呼叫並傳遞二維陣列。

- ◆ 第 17 ～ 26 行：定義 print_arr() 函數的主體。

- ◆ 第 23 行：輸出二維陣列各元素的值。

7-3 認識遞迴

　　遞迴在程式設計領域中是種相當特殊的函數，也算是一種分治演算法（Divide and conquer）的應用。簡單來說，對程式設計師而言，「函數」不只是能夠被其他函數呼叫（或引用），還提供了自身呼叫（或引用）的功能，這種功用就是所謂的「遞迴」。遞迴在早期人工智慧所用的語言，如 Lisp、Prolog

幾乎都是整個語言運作的核心，當然在 C 語言中也提供了這項功能，「何時才是使用遞迴的最好時機？」，是不是遞迴只能解決少數問題？事實上，任何可以用選擇結構和重複結構來編寫的程式碼，都可以用遞迴來表示和編寫，也讓程式碼更具可讀性。

Tips

分治法（Divide and conquer）是一種很重要的演算法，核心精神是將一個難以直接解決的大問題依照不同的概念，分割成兩個或更多的子問題，以便各個擊破，分而治之，這個演算法應用相當廣泛，如遞迴（recursion）、快速排序（quick sort）、大整數乘法等。

7-3-1 遞迴的定義

遞迴函數的精神就是在函數本身中呼叫自己，我們可以將遞迴函數定義如下：假如一個函數或程式區塊，是由自身所定義或呼叫，則稱為遞迴。

通常遞迴函數有兩個必備的要件：

① 一個可以反覆執行的過程。

② 一個跳出反覆執行過程中的缺口。

例如數學上的階乘問題就非常適用於遞迴運算，以 5! 這個運算為例，各位可以一步步分解它的運算過程，觀察出一定的規律性：

```
5! = (5 * 4!)
   = 5 * (4 * 3!)
   = 5 * 4 * (3 * 2!)
   = 5 * 4 * 3 * (2 * 1)
   = 5 * 4 * (3 * 2)
   = 5 * (4 * 6)
   = (5 * 24)
   = 120
```

　　各位可以將每一個括號想像為每一次的函數呼叫，這個運算分解的過程就相當於遞迴運算。

範例程式 CH 07_06.c ▶ 以下將使用一個求 n 階乘（n!）結果的範例來說明遞迴的用法。這個程式中會同時使用迴圈與遞迴的方式，藉以比較兩種方式的差異。

```c
01  #include <stdio.h>
02  #include <stdlib.h>
03
04  int ndegree_rec(int);/* 遞迴函數 */
05  int ndegree_loop(int);/* 迴圈函數 */
06
07  int main()
08  {
09      int n;
10      printf(" 請輸入 n 值：");
11      scanf("%d",&n);/* 輸入所求 n! 的 n 值 */
12      printf("%d! 之迴圈版為 %d，遞迴版為 %d\n",n,ndegree_loop(n),ndegree_rec(n));
13
14      return 0;
15  }
16
17  int ndegree_loop(int n)
18  {
19    int result=1;
20    do{
21        result*=n;
22        n--;
23    }while(n>0);/* 利用 do while 迴來控制 */
24
25      return result;/* 回傳結果值 */
26  }
27
28  int ndegree_rec(int n)
29  {
30      if(n==1)
31          return 1;/* 跳出反覆執行過程中的缺口 */
32      else
33          return n*ndegree_rec(n-1);/* 反覆執行的過程 */
34  }
```

執行結果

```
請輸入n值:6
6!之迴圈版為720,遞迴版為720
-----------------------------------
Process exited after 3.201 seconds with return value 0
請按任意鍵繼續 . . .
```

程式解說

- ◆ 第 4 行:宣告遞迴函數的原型宣告。

- ◆ 第 5 行:宣告迴圈函數的原型宣告。

- ◆ 第 11 行:請輸入要計算的階乘數。

- ◆ 第 20 ～ 23 行:利用 do while 迴來控制與計算。

- ◆ 第 25 行:回傳結果值。

- ◆ 第 28 ～ 34 行:定義遞迴函數的程式碼。

- ◆ 第 31 行:跳出反覆執行過程中的缺口。

- ◆ 第 33 行:如果使用者輸入的數值大於 1,則繼續計算這個 n 值乘上 (n-1)! 的
  結果,ndegree_rec(n-1) 的部分會以 n-1 的值當成引數繼續呼叫 ndegree()
  函數。

我們再來看一個很有名氣的費伯那序列(Fibonacci Polynomial)求解,首
先看看費伯那序列的基本定義:

$$F_n = \begin{cases} 0 & n=0 \\ 1 & n=1 \\ F_{n-1}+F_{n-2} & n=2,3,4,5,6\cdots\cdots(\text{n 為正整數}) \end{cases}$$

簡單來說,就是一序列的第零項是 0、第一項是 1,其他每一個序列中項
目的值是由其本身前面兩項的值相加所得。從費伯那序列的定義,也可以嘗試
把它設計轉成遞迴形式。

範例程式 **CH07_07.c** ▶ 請設計一個計算第 n 項費伯那序列的遞迴程式。

```
01   #include <stdio.h>
02   #include <stdlib.h>
03
04   int fib(int);           /* fib() 函數的原型宣告 */
05
06   int main(void)
07   {
08       int i,n;
09       printf(" 請輸入要計算到第幾個費氏數列 :");
10       scanf("%d",&n);
11
12       for(i=0;i<=n;i++)            /* 計算前 n 個費氏數列 */
13           printf("fib(%d)=%d\n",i,fib(i));
14
15       return 0;
16   }
17
18   int fib(int n)        /* 定義函數 fib()*/
19   {
20
21       if (n==0)
22           return 0;  /* 如果 n=0 則傳回 0*/
23       else if(n==1 || n==2)    /* 如果 n=1 或 n=2，則傳回 1 */
24           return 1;
25       else    /* 否則傳回 fib(n-1)+fib(n-2) */
26           return (fib(n-1)+fib(n-2));
27   }
```

執行結果

```
請輸入所要計算第幾個費式數列:10
fib(0)=0
fib(1)=1
fib(2)=1
fib(3)=2
fib(4)=3
fib(5)=5
fib(6)=8
fib(7)=13
fib(8)=21
fib(9)=34
fib(10)=55
```

程式解說

- 第 4 行：fib() 函數的原型宣告。
- 第 12 ～ 13 行：計算前 n 個費氏數列。
- 第 18 ～ 27 行：定義函數 fib()。
- 第 21 ～ 24 行：遞迴函數的出口條件。

7-4 探索演算法的趣味

在韋氏辭典中將演算法定義為：「在有限步驟內解決數學問題的程式。」如果運用在計算機領域中，我們也可以把演算法定義成：「為了解決某一個工作或問題，所需要有限數目的機械性或重覆性指令與計算步驟。」當認識了演算法的定義後，我們還要說明描述演算法所必須符合的五個條件。

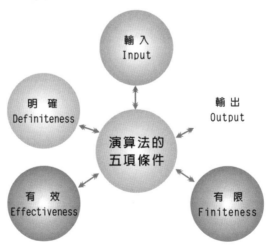

演算法的五項條件

演算法特性	內容與說明
輸入（Input）	0 個或多個輸入資料，這些輸入必須有清楚的描述或定義
輸出（Output）	至少會有一個輸出結果，不可以沒有輸出結果
明確性（Definiteness）	每一個指令或步驟必須是簡潔明確而不含糊的
有限性（Finiteness）	在有限步驟後一定會結束，不會產生無窮迴路
有效性（Effectiveness）	步驟清楚且可行，能讓使用者用紙筆計算而求出答案

接著還要來思考到該用什麼方法來表達演算法最為適當呢？其實演算法的主要目的是在提供給人們閱讀了解所執行的工作流程與步驟，學習如何解決事情的辦法。有些演算法是利用可讀性高的高階語言與虛擬語言（Pseudo-Language），或者流程圖（Flow Diagram）也是一種相當通用的演算法表示法，必須使用某些圖形符號。例如請您輸入一個數值，並判別是奇數或偶數。

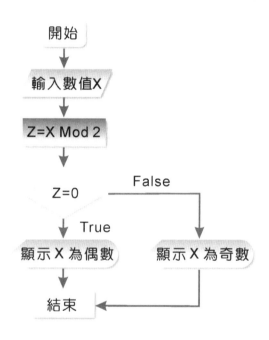

Tips

虛擬語言（Pseudo-Language）是接近高階程式語言的寫法，也是一種不能直接放進電腦中執行的語言。一般都需要一種特定的前置處理器（preprocessor），或者用手寫轉換成真正的電腦語言，經常使用的有 SPARKS、PASCAL-LIKE 等語言。演算法和程式有什麼不同？程式不一定要滿足有限性的要求，如作業系統或機器上的運作程式。除非當機，否則永遠在等待迴路（waiting loop），這也違反了演算法五大原則之一的「有限性」。

7-4-1 排序演算法

排序（Sorting）演算法幾乎可以形容是最常使用到的一種演算法，目的是將一串不規則的數值資料依照遞增或是遞減的方式重新編排。所謂「排序」，就是將一群資料按照某一個特定規則重新排列，使其具有遞增或遞減的次序關係。按照特定規則，用以排序的依據，我們稱為鍵（Key），它所含的值就稱為「鍵值」。

參加比賽最重要是分出排名順序

排序的各種演算法稱得上是程式設計這門學科的精髓所在。每一種排序方法都有其適用的情況與資料種類，接下來我們要介紹常見的氣泡排序法。「氣泡排序法」又稱為交換排序法，是由觀察水中氣泡變化構思而成，原理是由第一個元素開始，比較相鄰元素大小，若大小順序有誤，則對調後再進行下一個元素的比較，就彷彿氣泡逐漸由水底逐漸冒升到水面上一樣。如此掃瞄過一次之後就可確保最後一個元素是位於正確的順序。接著再逐步進行第二次掃瞄，直到完成所有元素的排序關係為止。

以下排序我們利用 55、23、87、62、16 的排序過程，您可以清楚知道氣泡排序法的演算流程：

由小到大排序：

原始值：55 23 87 62 16

第一次掃瞄會先拿第一個元素 55 和第二個元素 23 作比較，如果第二個元素小於第一個元素，則作交換的動作。接著拿 55 和 87 作比較，就這樣一直比較並交換，到第 4 次比較完後即可確定最大值在陣列的最後面。

第一次掃瞄：

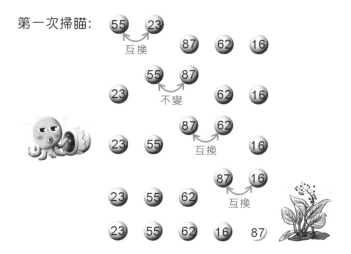

第二次掃瞄亦從頭比較起，但因最後一個元素在第一次掃瞄就已確定是陣列最大值，故只需比較 3 次即可把剩餘陣列元素的最大值排到剩餘陣列的最後面。

第二次掃瞄：

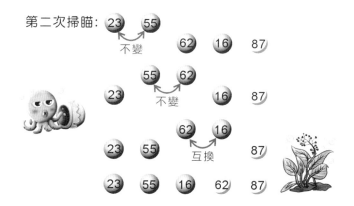

第三次掃瞄完，完成三個值的排序。

第三次掃瞄：

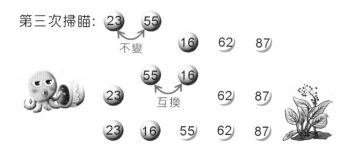

第四次掃瞄完，即可完成所有排序。

第四次掃瞄：

互換

由此可知 5 個元素的氣泡排序法必須執行 (5-1) 次掃瞄，第一次掃瞄需比較 (5-1) 次，共比較 4+3+2+1=10 次

範例程式 **CH07_08.c** ▶ 請設計一 C 程式，並使用氣泡排序法來將以下的數列排序：

16,25,39,27,12,8,45,63

```
01  #include <stdio.h>
02  #include <stdio.h>
03  #include <stdlib.h>
04  #define SIZE 8
05  int main()
06  {
07      int i,j,tmp;
08      int data[SIZE]={16,25,39,27,12,8,45,63};   /* 原始資料 */
09      printf(" 氣泡排序法：\n 原始資料為：");
10      for (i=0;i<SIZE;i++)
11          printf("%3d",data[i]);
12      printf("\n");
13
14      for (i=SIZE-1;i>=1;i--)         /* 掃瞄次數 */
15      {
16          for (j=0;j<i;j++)/* 比較、交換次數 */
17          {
18              if (data[j]>data[j+1])    /* 比較相鄰兩數，如第一數較大則交換 */
19              {
20                  tmp=data[j];
21                  data[j]=data[j+1];
22                  data[j+1]=tmp;
```

```
23              }
24          }
25          printf(" 第 %d 次排序後的結果是：",SIZE-i);  /* 把各次掃描後的結果印出 */
26          for (j=0;j<SIZE;j++)
27              printf("%3d",data[j]);
28          printf("\n");
29      }
30      printf(" 排序後結果為：");
31      for (i=0;i<SIZE;i++)
32          printf("%3d",data[i]);
33      printf("\n");
34
35      return 0;
36  }
```

執行結果

```
氣泡排序法：
原始資料為： 16 25 39 27 12  8 45 63
第 1 次排序後的結果是： 16 25 27 12  8 39 45 63
第 2 次排序後的結果是： 16 25 12  8 27 39 45 63
第 3 次排序後的結果是： 16 12  8 25 27 39 45 63
第 4 次排序後的結果是： 12  8 16 25 27 39 45 63
第 5 次排序後的結果是：  8 12 16 25 27 39 45 63
第 6 次排序後的結果是：  8 12 16 25 27 39 45 63
第 7 次排序後的結果是：  8 12 16 25 27 39 45 63
排序後結果為：  8 12 16 25 27 39 45 63

------------------------------------
Process exited after 0.1856 seconds with return value 0
請按任意鍵繼續 . . . ■
```

程式解說

◆ 第 4 行：定義陣列大小。

◆ 第 8 ～ 12 行：原始資料設定與輸出。

◆ 第 14 ～ 29 行：進行氣泡排序法。

◆ 第 30 ～ 33 行：輸出排序後的結果。

7-4-2 搜尋演算法

在資料處理過程中，是否能在最短時間內搜尋到所需要的資料，是一個相當值得資訊從業人員關心的議題。所謂「搜尋」（Search）指的是從資料檔案中找出滿足某些條件的記錄之動作，用以搜尋的條件稱為「鍵值」（Key），就如同排序所用的鍵值一樣，我們平常在電話簿中找某人的電話，那麼這個人的姓名就成為在電話簿中搜尋電話資料的鍵值。

我們每天都在搜尋許多標的物

電腦搜尋資料的優點是快速，但是當資料量很龐大時，如何在最短時間內有效的找到所需資料，是一個相當重要的課題，影響搜尋結果的主要因素包括採用的演算法、資料儲存的方式及結構。接下來我們將要介紹相當知名的二分搜尋法。

二分搜尋法是將準備搜尋的資料事先排序好，再將資料分割成兩等份，接著比較鍵值與中間值的大小，如果鍵值小於中間值，可確定要找的資料在前半段的元素，否則在後半部。如此分割數次直到找到或確定不存在為止。例如以下以排序數列 2、3、5、8、9、11、12、16、18，而所要搜尋值為 11 時：

首先跟第五個數值 9 比較：

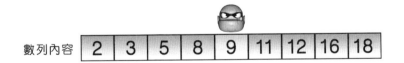

數列內容　2　3　5　8　9　11　12　16　18

因為 11 ＞ 9，所以和後半部的中間值 12 比較：

數列內容　不處理　11　12　16　18

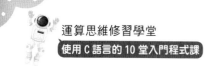

因為 11 < 12，所以和前半部的中間值 11 比較：

數列內容	不處理	11	不處理

因為 11=11，表示搜尋完成，如果不相等則表示找不到。

範例程式 **CH07_09.c** ▶ 請設計一 C 程式，利用 C 提供的標準亂數函數，再以亂數產生 1 ～ 150 間的 50 個整數，並實作二分搜尋法的過程與步驟。

```
01  #include<stdio.h>
02  #include<stdlib.h>
03
04  int main()
05  {
06      int i,j,val=1,num,data[50]={0};
07      for (i=0;i<50;i++)
08      {
09          data[i]=val;
10          val+=(rand()%5+1);
11      }
12      while (1)
13      {
14          num=0;
15          printf(" 請輸入搜尋鍵值 (1-150)，輸入 -1 結束：");
16          scanf("%d",&val);
17          if(val==-1)
18              break;
19          num=bin_search(data,val);
20          if(num==-1)
21              printf("##### 沒有找到 [%3d] #####\n",val);
22          else
23              printf(" 在第 %2d 個位置找到 [%3d]\n",num+1,data[num]);
24      }
```

```
25      printf(" 資料內容：\n");
26      for(i=0;i<5;i++)
27      {
28          for(j=0;j<10;j++)
29              printf("%3d-%-3d",i*10+j+1,data[i*10+j]);
30          printf("\n");
31      }
32      printf("\n");
33
34      return 0;
35  }
36  int bin_search(int data[50],int val)
37  {
38      int low,mid,high;
39      low=0;
40      high=49;
41      printf(" 搜尋處理中 ......\n");
42      while(low <= high && val !=-1)
43      {
44          mid=(low+high)/2;
45          if(val<data[mid])
46          {
47              printf("%d 介於位置 %d[%3d] 及中間值 %d[%3d]，找左半邊 \n",val,lo
                w+1,data[low],mid+1,data[mid]);
48              high=mid-1;
49          }
50          else if(val>data[mid])
51          {
52              printf("%d 介於中間值位置 %d[%3d] 及 %d[%3d]，找右半邊 \n",val,m
                id+1,data[mid],high+1,data[high]);
53              low=mid+1;
54          }
55          else
56              return mid;
57      }
58      return -1;
59  }
```

執行結果

```
請輸入搜尋鍵值(1-150),輸入-1結束:59
搜尋處理中......
59 介於位置 1[  1]及中間值 25[ 72],找左半邊
59 介於中間值位置 12[ 39] 及 24[ 68],找右半邊
59 介於中間值位置 18[ 50] 及 24[ 68],找右半邊
59 介於中間值位置 21[ 58] 及 24[ 68],找右半邊
59 介於位置 22[ 60]及中間值 23[ 65],找左半邊
59 介於位置 22[ 60]及中間值 22[ 60],找左半邊
##### 沒有找到[ 59] #####
請輸入搜尋鍵值(1-150),輸入-1結束:68
搜尋處理中......
68 介於位置 1[  1]及中間值 25[ 72],找左半邊
68 介於中間值位置 12[ 39] 及 24[ 68],找右半邊
68 介於中間值位置 18[ 50] 及 24[ 68],找右半邊
68 介於中間值位置 21[ 58] 及 24[ 68],找右半邊
68 介於中間值位置 23[ 65] 及 24[ 68],找右半邊
在第 24個位置找到 [ 68]
請輸入搜尋鍵值(1-150),輸入-1結束:-1
資料內容:
 1-1    2-3    3-6    4-11   5-12   6-17   7-22   8-26   9-30  10-33
11-38  12-39  13-40  14-42  15-45  16-47  17-49  18-50  19-53  20-56
21-58  22-60  23-65  24-68  25-72  26-75  27-78  28-80  29-82  30-86
31-87  32-90  33-92  34-94  35-98  36-103 37-106 38-109 39-114 40-115
41-120 42-124 43-126 44-129 45-133 46-137 47-142 48-144 49-146 50-150


_____
Process exited after 16.05 seconds with return value 0
請按任意鍵繼續 . . .
```

程式解說

◆ 第 6 ～ 11 行:以亂數方式產生要搜尋的資料。

◆ 第 36 ～ 59 行:二元搜尋法的函數。

課後評量

1. 何謂形式參數（Formal Parameter）與實際參數（Actual Parameter）？

2. C 語言中的函數可區分為哪兩種？試說明之。

3. 請簡述遞迴函數的意義與特性。

4. 試簡述傳值呼叫（call by value）的功用與特性。

5. 請說明傳址呼叫時要加上哪兩個運算子？

6. 請問使用二元搜尋法（Binary Search）的前提條件是什麼？

7. 有關二元搜尋法，下列敘述何者正確？
   (A) 檔案必須事先排序 (B) 當排序資料非常小時，其時間會比循序搜尋法慢
   (C) 排序的複雜度比循序搜尋法高 (D) 以上皆正確

APCS 檢定考古題

1.　下列 F() 函式執行後，輸出為何？〈105 年 10 月觀念題〉

```c
void F ( ) {
    char t, item[] = {'2', '8', '3', '1', '9'};
    int a, b, c, count = 5;
    for (a=0; a<count-1; a=a+1) {
        c = a;
        t = item[a];
        for (b=a+1; b<count; b=b+1) {
            if (item[b] < t) {
                c = b;
                t = item[b];
            }
            if ((a==2) && (b==3)) {
                printf ("%c %d\n", t, c);
            }
        }
    }
}
```

(A) 1 2　　　　　　(B) 1 3　　　　　　(C) 3 2　　　　　　(D) 3 3

解答 (B) 1 3

2.　若以 f(22) 呼叫下列 f() 函式，總共會印出多少數字？〈105 年 3 月觀念題〉

```c
void f(int n) {
    printf ("%d\n", n);
    while (n != 1) {
        if ((n%2)==1) {
            n = 3*n + 1;
        }
        else {
            n = n / 2;
        }
        printf ("%d\n", n);
    }
}
```

(A) 16　　　　　　(B) 22　　　　　　(C) 11　　　　　　(D) 15

解答 (A) 16

　　試著將 n=22 帶入 f(22) 再觀察所有的輸出過程。

3. 下列 f() 函式執行後所回傳的值為何？〈105 年 3 月觀念題〉

```
int f() {
    int p = 2;
    while (p < 2000) {
        p = 2 * p;
    }
    return p;
}
```

(A) 1023　　　　　(B) 1024　　　　　(C) 2047　　　　　(D) 2048

解答 (D) 2048

　　　起始值：p=2

　　　…………

　　　第十次迴圈：p=2*p=2*1024=2048

4. 下列 f() 函式 (a), (b), (c) 處需分別填入哪些數字，方能使得 f(4) 輸出 2468 的結果？〈105 年 3 月觀念題〉

```
int f(int n) {
    int p = 0;
    int i = n;
    while (i >= (a) ) {
        p = 10 - (b) * i;
        printf ("%d", p);
        i = i - (c) ;
    }
}
```

(A) 1, 2, 1　　　　(B) 0, 1, 2　　　　(C) 0, 2, 1　　　　(D) 1, 1, 1

解答 (A) 1, 2, 1

　　　輸出的第一個數字是 2，即 p=10-(b)*i=2，此處題目傳入的 i 值為 4，
　　　直接帶入求解得知 (b) =2，因此選項 (A) 的迴圈執行次數為 4，因此
　　　(a) =1。

5. 給定下列函式 F()，執行 F() 時哪一行程式碼可能永遠不會被執行到？〈106 年 3 月觀念題〉

```
void F (int a) {
    while (a < 10)
        a = a + 5;
    if (a < 12)
        a = a + 2;
    if (a <= 11)
        a = 5;
}
```

(A) a = a + 5;　　　　　　　　(B) a = a + 2;

(C) a = 5;　　　　　　　　　　(D) 每一行都執行得到

解答 (C) a = 5;

這一行程式碼永遠不會執行到，因為跳離條件是 a<10，因此當離開此 while 迴圈時，a 值必定大於 10。接著如果 if(a<12) 成立，只有 a=10 或 a=11，當成立時，接著要執行 a=a+2 的敘述，因此 a 的值只能 12 或 13，因此 a<=11 永遠不會成立。

6. 給定下列程式，其中 s 有被宣告為全域變數，請問程式執行後輸出為何？
〈106 年 3 月觀念題〉

```
int s = 1; // 全域變數

void add (int a) {
    int s = 6;
    for( ; a>=0; a=a-1) {
        printf("%d,", s);
        s++;
        printf("%d,", s);
    }
}
int main () {
    printf("%d,", s);
    add(s);
    printf("%d,", s);
    s = 9;
```

```
    printf("%d", s);
    return 0;
}
```

(A) 1,6,7,7,8,8,9   (B) 1,6,7,7,8,1,9   (C) 1,6,7,8,9,9,9   (D) 1,6,7,7,8,9,9

解答 (B) 1,6,7,7,8,1,9

此題主要測驗全域變數與區域變數的觀念，請各位直接觀察主程式各行印出 s 值的變化。

7. 小藍寫了一段複雜的程式碼想考考你是否了解函式的執行流程。請回答程式最後輸出的數值為何？〈106 年 3 月觀念題〉

```
int g1 = 30, g2 = 20;

int f1(int v) {
    int g1 = 10;
    return g1+v;
}
int f2(int v) {
    int c = g2;
    v = v+c+g1;
    g1 = 10;
    c = 40;
    return v;
}

int main() {
    g2 = 0;
    g2 = f1(g2);
    printf("%d", f2(f2(g2)));
    return 0;
}
```

(A) 70   (B) 80   (C) 100   (D) 190

解答 (A) 70

本題也在測驗全域變數及區域變數的理解程度。在主程式 main() 中，g2 為全域變數，在 f1() 函式中 g1 為區域變數，在 f2() 函式中 g1 為全域變數，但是 g2 為區域變數。

8. 給定一陣列 a[10]={1, 3, 9, 2, 5, 8, 4, 9, 6, 7}，i.e., a[0]=1, a[1]=3, ..., a[8]=6, a[9]=7，以 f(a, 10) 呼叫執行下列函式後，回傳值為何？〈105 年 3 月觀念題〉

```c
int f (int a[], int n) {
    int index = 0;
    for (int i=1; i<=n-1; i=i+1) {
        if (a[i] >= a[index]) {
            index = i;
        }
    }
    return index;
}
```

(A) 1   (B) 2   (C) 7   (D) 9

解答 (C) 7

9. 下列程式執行後輸出為何？〈105 年 10 月觀念題〉

```c
int G (int B) {
    B = B * B;
    return B;
}
int main () {
    int A=0, m=5;

    A = G(m);
    if (m < 10)
        A = G(m) + A;
    else
        A = G(m);

    printf ("%d \n", A);
    return 0;
}
```

(A) 0   (B) 10   (C) 25   (D) 50

解答 (D) 50

直接從主程式下手，A=0, m=5

A=G(5)=5*5=25，因為 m=5 符合 if(m<10) 條件式，故

A=G(5)+A=G(5)+25=5*5+25=50

10. 給定函式 A1()、A2() 與 F() 如下，以下敘述何者有誤？〈106 年 3 月觀念題〉

```
void A1 (int n) {
    F(n/5);
    F(4*n/5);
}
```

```
void A2 (int n) {
    F(2*n/5);
    F(3*n/5);
}
```

```
void F (int x) {
    int i;
    for (i=0; i<x; i=i+1)
        printf("*");
    if (x>1) {
        F(x/2);
        F(x/2);
    }
}
```

(A) A1(5) 印的 '*' 個數比 A2(5) 多　　(B) A1(13) 印的 '*' 個數比 A2(13) 多

(C) A2(14) 印的 '*' 個數比 A1(14) 多　　(D) A2(15) 印的 '*' 個數比 A1(15) 多

解答 (D) A2(15) 印的 '*' 個數比 A1(15) 多

11. 若函式 rand() 的回傳值為一介於 0 和 10000 之間的亂數，下列哪個運算式可產生介於 100 和 1000 之間的任意數（包含 100 和 1000）？〈106 年 3 月觀念題〉

(A) rand() % 900 + 100　　　　　　(B) rand() % 1000 + 1

(C) rand() % 899 + 101　　　　　　(D) rand() % 901 + 100

解答 (D) rand() % 901 + 100

12. 函數 f 定義如下，如果呼叫 f(1000)，指令 sum=sum+i 被執行的次數最接近下列何者？〈105 年 3 月觀念題〉

```c
int f (int n) {
    int sum=0;
    if (n<2) {
        return 0;
    }
    for (int i=1; i<=n; i=i+1) {
        sum = sum + i;
    }
    sum = sum + f (2*n/3);
    return sum;
}
```

(A) 1000　　　　(B) 3000　　　　(C) 5000　　　　(D) 10000

解答 (B) 3000

這道題目是遞迴的問題，問的是如果呼叫 f(1000)，指令 sum=sum+i 被執行的次數。

13. 請問以 a(13,15) 呼叫下列 a() 函式，函式執行完後其回傳值為何？〈105 年 3 月觀念題〉

```c
int a (int n, int m) {
    if (n < 10) {
        if (m < 10) {
            return n + m ;
        }
        else {
            return a (n, m-2) + m ;
        }
    }
    else {
        return a (n-1, m) + n ;
    }
}
```

(A) 90　　　　(B) 103　　　　(C) 93　　　　(D) 60

解答 (B) 103

此題也是遞迴的問題。

14. 一個費氏數列定義第一個數為 0 第二個數為 1 之後的每個數都等於前兩個
    數相加，如下所示：0、1、1、2、3、5、8、13、21、34、55、89…。
    下列的程式用以計算第 N 個 (N ≥ 2) 費氏數列的數值，請問 (a) 與 (b) 兩個
    空格的敘述（statement）應該為何？〈105 年 3 月觀念題〉

```
int a=0;
int b=1;
int i, temp, N;
...
for (i=2; i<=N; i=i+1) {
temp = b;
_____(a)_____;
a = temp;
printf ("%d\n",__(b)__);
}
```

(A) (a) f[i]=f[i-1]+f[i-2]   (b) f[N]

(B) (a) a = a + b   (b) a

(C) (a) b = a + b   (b) b

(D) (a) f[i]=f[i-1]+f[i-2]   (b) f[i]

解答 (C) (a) b = a + b (b) b

15. 給定下列 g() 函式，g(13) 回傳值為何？〈105 年 3 月觀念題〉

```
int g(int a) {
    if (a > 1) {
        return g(a - 2) + 3;
    }
    return a;
}
```

(A) 16   (B) 18   (C) 19   (D) 22

解答 (C) 19

　　直接帶入遞迴寫出過程：

　　g(13)=g(11)+3=g(9)+3+3=g(7)+3+6=g(5)+3+9=g(3)+3+12=g(1)+3+15=19

16. 給定下列函式 f1() 及 f2()。f1(1) 運算過程中，以下敘述何者為錯？〈105 年 3 月觀念題〉

```c
void f1 (int m) {
    if (m > 3) {
        printf ("%d\n", m);
        return;
    }
    else {
        printf ("%d\n", m);
        f2(m+2);
        printf ("%d\n", m);
    }
}
void f2 (int n) {
    if (n > 3) {
        printf ("%d\n", n);
        return;
    }
    else {
        printf ("%d\n", n);
        f1(n-1);
        printf ("%d\n", n);
    }
}
```

(A) 印出的數字最大的是 4

(B) f1 一共被呼叫二次

(C) f2 一共被呼叫三次

(D) 數字 2 被印出兩次

解答 (C) f2 一共被呼叫三次

17. 下列程式輸出為何？〈105 年 3 月觀念題〉

```c
void foo (int i) {
    if (i <= 5) {
        printf ("foo: %d\n", i);
    }
    else {
        bar(i - 10);
```

```
    }
}

void bar (int i) {
    if (i <= 10) {
        printf ("bar: %d\n", i);
    }
    else {
        foo(i - 5);
    }
}

void main() {
    foo(15106);
    bar(3091);
    foo(6693);
}
```

(A) bar: 6

    bar: 1

    bar: 8

(B) bar: 6

    foo: 1

    bar: 3

(C) bar: 1

    foo: 1

    bar: 8

(D) bar: 6

    foo: 1

    foo: 3

解答 (A) bar: 6

      bar: 1

      bar: 8

本題的數字太大，建議先由小字數開始尋找規律性，這個例子主要考各位兩個函數間的遞迴呼叫。

18. 下列為一個計算 n 階層的函式，請問該如何修改才會得到正確的結果？
〈105 年 3 月觀念題〉

```
1. int fun (int n) {
2.   int fac = 1;
3.   if (n >= 0) {
4.     fac = n * fun(n - 1);
5.   }
6.   return fac;
7. }
```

(A) 第 2 行，改為 int fac = n;

(B) 第 3 行，改為 if (n > 0) {

(C) 第 4 行，改為 fac = n * fun(n+1);

(D) 第 4 行，改為 fac = fac * fun(n-1);

解答 (B) 第 3 行，改為 if (n > 0){

19. 下列 g(4) 函式呼叫執行後，回傳值為何？〈105 年 3 月觀念題〉

```
int f (int n) {
    if (n > 3) {
        return 1;
    }
    else if (n == 2) {
        return (3 + f(n+1));
    }
    else {
        return (1 + f(n+1));
    }
}

int g(int n) {
    int j = 0;
    for (int i=1; i<=n-1; i=i+1) {
        j = j + f(i);
    }
    return j;
}
```

(A) 6　　　　　　(B) 11　　　　　　(C) 13　　　　　　(D) 14

解答 (C) 13

由 g() 函式內的 for 迴圈可以看出：

g(4)=f(1)+f(2)+f(3)

　　=(1+f(2))+(3+f(3))+(1+f(4))

　　=(1+3+f(3))+(3+1+f(4))+(1+1))

　　=(1+3+1+f(4))+(3+1+1)+(1+1)

　　=(1+3+1+1)+(3+1+1)+(1+1)

　　= 6+5+2

　　= 13

20. 下列 Mystery() 函式 else 部分運算式應為何，才能使得 Mystery(9) 的回傳
值為 34 ？〈105 年 3 月觀念題〉

```
int Mystery (int x) {
    if (x <= 1) {
        return x;
    }
    else {
        return _____ ;
    }
}
```

(A) x + Mystery(x-1)

(B) x * Mystery(x-1)

(C) Mystery(x-2) + Mystery(x+2)

(D) Mystery(x-2) + Mystery(x-1)

解答 (D) Mystery(x-2) + Mystery(x-1)

此題在考費氏數列的問題，因此 Mystery(9)=Mystery(7)+Mystery(8)=
13+21=34。

21. 給定下列 G(), K() 兩函式，執行 G(3) 後所回傳的值為何？〈105 年 10 月觀念題〉

```
int K(int a[], int n) {
    if (n >= 0)
        return (K(a, n-1) + a[n]);
    else
        return 0;
}

int G(int n){
    int a[] = {5,4,3,2,1};
    return K(a, n);
}
```

(A) 5 　　　　　(B) 12 　　　　　(C) 14 　　　　　(D) 15

解答 (C) 14

22. 下列函式以 F(7) 呼叫後回傳值為 12，則 <condition> 應為何？〈105 年 10 月觀念題〉

```
int F(int a) {
    if ( <condition> )
        return 1;
    else
        return F(a-2) + F(a-3);
}
```

(A) a < 3 　　　　　(B) a < 2 　　　　　(C) a < 1 　　　　　(D) a < 0

解答 (D) a < 0

以選項 (A) 為例，當函數的參數 a 小於 3 則回傳數值 1。

23. 下列主程式執行完三次 G() 的呼叫後，p 陣列中有幾個元素的值為 0？〈105 年 10 月觀念題〉

```
int K (int p[], int v) {
    if (p[v]!=v) {
        p[v] = K(p, p[v]);
    }
```

```
      return p[v];
  }

  void G (int p[], int l, int r) {
      int a=K(p, l), b=K(p, r);
      if (a!=b) {
          p[b] = a;
      }
  }

  int main (void) {
      int p[5]={0, 1, 2, 3, 4};
      G(p, 0, 1);
      G(p, 2, 4);
      G(p, 0, 4);
      return 0;
  }
```

(A) 1   (B) 2   (C) 3   (D) 4

解答 (C) 3

陣列 p 的內容為 {0,0,0,3,2}。

24. 下列 G() 應為一支遞迴函式，已知當 a 固定為 2，不同的變數 x 值會有不同的回傳值如下表所示。請找出 G() 函式中 (a) 處的計算式該為何？〈105 年 10 月觀念題〉

a 值	x 值	G(a, x) 回傳值
2	0	1
2	1	6
2	2	36
2	3	216
2	4	1296
2	5	7776

```
int G (int a, int x) {
    if (x == 0)
        return 1;
    else
        return    (a)    ;
}
```

(A) ((2*a)+2) * G(a, x - 1)   (B) (a+5) * G(a-1, x - 1)

(C) ((3*a)-1) * G(a, x - 1)   (D) (a+6) * G(a, x - 1)

解答 (A) ((2*a)+2) * G(a, x - 1)

本題建議從表格中的 a,x 值逐一帶入選項 (A) 到選項 (D)，去驗證所求的 G(a,x) 的值是否和表格中的值相符，就可以推算出答案。

25. 下列 G() 為遞迴函式，G(3, 7) 執行後回傳值為何？〈105 年 10 月觀念題〉

```
int G (int a, int x) {
    if (x == 0)
        return 1;
    else
        return (a * G(a, x - 1));
}
```

(A) 128　　　　(B) 2187　　　　(C) 6561　　　　(D) 1024

解答 (B) 2187

直接帶入值求解。

26. 下列函式若以 search (1, 10, 3) 呼叫時，search 函式總共會被執行幾次？〈105 年 10 月觀念題〉

```
void search (int x, int y, int z) {
    if (x < y) {
        t = ceiling ((x + y)/2);
        if (z >= t)
            search(t, y, z);
        else
            search(x, t - 1, z);
    }
}
註：ceiling() 為無條件進位至整數位。例如 ceiling(3.1)=4, ceiling(3.9)=4。
```

(A) 2　　　　(B) 3　　　　(C) 4　　　　(D) 5

解答 (C) 4

提示當「x>=y」時，就不會執行遞迴函數的呼叫，因此，當 x 值大於或等於 y 值時，就會結束遞迴。

27. 若以 B(5,2) 呼叫下列 B() 函式，總共會印出幾次 "base case"？〈106 年 3 月觀念題〉

```
int B (int n, int k) {
    if (k == 0 || k == n){
        printf ("base case\n");
        return 1;
    }
    return B(n-1,k-1) + B(n-1,k);
}
```

(A) 1   (B) 5   (C) 10   (D) 19

解答 (C) 10

也是遞迴式的應用，當第二個參數 k 為 0，或兩個參數 n 及 k 相同時，則會印出一次 "base case"。

28. 若以 G(100) 呼叫下列函式後，n 的值為何？〈106 年 3 月觀念題〉

```
int n = 0;

void K (int b) {
    n = n + 1;
    if (b % 4)
        K(b+1);
}
void G (int m) {
    for (int i=0; i<m; i=i+1) {
        K(i);
    }
}
```

(A) 25   (B) 75   (C) 150   (D) 250

解答 (D) 250

K 函式為一種遞迴函式，其遞迴出口條件為參數 b 為 4 的倍數。

29. 若以 F(15) 呼叫下列 F() 函式，總共會印出幾行數字？〈106 年 3 月觀念題〉

```c
void F (int n) {
    printf ("%d\n" , n);
    if ((n%2 == 1) && (n > 1)){
        return F(5*n+1);
    }
    else {
        if (n%2 == 0)
            return F(n/2);
    }
}
```

(A) 16 行　　　　(B) 22 行　　　　(C) 11 行　　　　(D) 15 行

解答 (D) 15 行

　　必須先行判斷遞迴函式的出口條件，也就是 (n%2 == 1) && (n > 1) 這個條件不能成立，而且 n%2 == 0 這個條件也不能成立。

30. 若以 F(5,2) 呼叫下列 F() 函式，執行完畢後回傳值為何？〈106 年 3 月觀念題〉

```c
int F (int x,int y) {
    if (x<1)
        return 1;
    else
        return F(x-y,y)+F(x-2*y,y);
}
```

(A) 1　　　　　　(B) 3　　　　　　(C) 5　　　　　　(D) 8

解答 (C) 5

　　本遞迴函式的出口條件為 x<1，當 x 值小於 1 時就回傳 1。

31. 下列 F() 函式回傳運算式該如何寫，才會使得 F(14) 的回傳值為 40？〈106年 3 月觀念題〉

```
int F (int n) {
    if (n < 4)
        return n;
    else
        return_____?_____;
}
```

(A) n * F(n-1)

(B) n + F(n-3)

(C) n - F(n-2)

(D) F(3n+1)

解答 (B) n + F(n-3)

當 n<4 時，為 F() 函式的出口條件。

32. 下列函式兩個回傳式分別該如何撰寫，才能正確計算並回傳兩參數 a, b 之最大公因數（Greatest CommonDivisor）？〈106 年 3 月觀念題〉

```
int GCD (int a, int b) {
    int r;

    r = a % b;a
    if (r == 0)
        return _____;
    return _____;
}
```

(A) a, GCD(b,r)

(B) b, GCD(b,r)

(C) a, GCD(a,r)

(D) b, GCD(a,r)

解答 (B) b, GCD(b,r)

輾轉相除法是求最大公因數的一種方法。它的做法是用較小數除較大數，再用出現的餘數（第一餘數）去除除數，再用出現的餘數（第二餘數）去除第一餘數，如此反覆，直到最後餘數是 0 為止。

33. 以下哪組資料若依序存入陣列中，將無法直接使用二分搜尋法搜尋資料？

〈105 年 10 月觀念題〉

(A) a, e, i, o, u

(B) 3, 1, 4, 5, 9

(C) 10000, 0, -10000

(D) 1, 10, 10, 10, 100

解答 (B) 3, 1, 4, 5, 9

二分搜尋法的特性資料必須事先排序，不論是由小到大或由大到小，選項 (B) 資料沒有進行排序所以無法直接使用二分搜尋法搜尋資料。

34. 給定一個 1*8 的陣列 A，A = {0, 2, 4, 6, 8, 10, 12, 14}。下列函式 Search(x) 真正目的是找到 A 之中大於 x 的最小值。然而，這個函式有誤。請問下列哪個函式呼叫可測出函式有誤？〈106 年 3 月觀念題〉

```c
int A[8]={0, 2, 4, 6, 8, 10, 12, 14};
int Search (int x) {
    int high = 7;
    int low = 0;
    while (high > low) {
        int mid = (high + low)/2;
        if (A[mid] <= x) {
            low = mid + 1;
        }
        else {
            high = mid;
        }
    }
    return A[high];
}
```

(A) Search(-1)

(B) Search(0)

(C) Search(10)

(D) Search(16)

解答 (D) Search(16)

這個函式 Search(x) 的主要功能是找到 A 之中大於 x 的最小值。從程式碼中可以看出此函式主要利用二分搜尋法來找尋答案。

Chapter

8

輕鬆搞定指標
入門輕課程

C 語言中,指標是一個非常強而有力的工具,許多初學者經常認為指標往往是進入 C 語言領域後較難跨過的障礙,其實一點都不難。指標和其他資料型態一樣,只是一種儲存記憶體位址的資料型態,也就是記錄位址的工具。指標的工作就是用來記錄這個變數所在的位址,並可以藉由指標變數間接存取該變數的內容。各位可以想像成指標就好比房間門口的指示牌,跟著指示牌中就能找到想要的資料。

8-1 認識指標

我們知道在 C 語言中可以宣告變數來儲存數值,而指標其實也可以看成是一種變數,所不同的是指標並不儲存數值,而是記憶體的位址。也就是説,指標(Pointer)是一種變數型態,其內容就是記憶體的地址。在 C 語言中要儲存與操作記憶體的位址,就是使用指標變數,指標變數的作用類似於變數,但功能比一般變數更為強大。

8-1-1 宣告指標變數

當程式中宣告一個指標變數時,記憶體配置的情形與一般變數相同。宣告指標變數時,首先必須定義指標的資料型態,並於資料型態後加上「*」字號(稱為取值運算子或反參考運算子),再給予指標名稱,即可完成宣告。「*」的功用是做為取得指標所指向變數的內容。指標變數宣告方式如下:

```
資料型態 * 指標名稱;
或
資料型態 * 指標名稱;
```

　　由於指標也是一種變數，命名規則與一般變數規則相同。通常我們會建議指標命名時，在變數名稱前加上小寫 p，若是整數型態指標時，則可於變數名稱前加上「pi」兩個小寫字母，「i」代表整數型別（int）。在此要再次提醒各位，良好的命名規則，對於程式日後的判讀與維護，有非常大的幫助。

　　特別補充一點，一旦確定指標所指向的資料型態，就不能再更改了，指標變數也不能另外指向不同資料型態的變數。以下是幾個整數指標變數的宣告方式，它所存放的位址必須是一個整數變數的位址。當然指標變數宣告時也可設定初值為 0 或是 NULL 來增加可讀性：

```
int* x;
int *x, *y;
int *x=0;
int *y=NULL
```

　　在指標變數宣告之後，如果沒有指定其初始值，則指標所指向的記憶體位址將是未知的，各位也不能對未初始化的指標進行存取，因為它可能指向一個正在使用的記憶體位址。要指定指標的值，可以使用 & 取址運算子將某個變數所指向的記憶體位址指定給指標，如下所示：

```
資料型態  * 指標變數 ;
指標變數 =& 變數名稱 ;  /*  變數名稱已定義或宣告  */
```

　　如下指令中，將指標變數 address1 指向一個已宣告的整數變數 num1：

```
int num1 = 10;
int *address1;
address1 = &num1;
```

　　此外，也不能直接將指標變數的初始值設定數值，這樣會造成指標變數指向不合法位址。例如：

```
 int* piVal=10;   /* 不合法指令 */
```

對指標既期待又怕受傷害的讀者不用擔心，接著我們再舉出一個簡單的例子來說明。假設程式碼中宣告了三個變數 a1、a2 與 a3，其值分別為 40、58，以及 71。程式碼敘述如下：

```
int a1=40, a2=58, a3=71; /* 宣告三個整數變數 */
```

首先假設這三個變數在記憶體中分別佔用第 102、200 與 208 號的位址。接下來，我們以 * 運算子來宣告三個指標變數 p1、p2，以及 p3，如以下程式碼所示：

```
int *p1,*p2,*p3;              /* 使用 * 符號宣告指標變數 */
```

其中，*p1、*p2 與 *p3 前方的 int 表示這三個變數都是指向整數型態。接下來，我們以 & 運算子取出 a1、a2 與 a3 這三個變數的位址，並儲存至 p1、p2 與 p3 三個變數，如以下程式碼：

```
p1 = &a1;
p2 = &a2;
p3 = &a3;
```

p1、p2 與 p3 這三個變數的內容分別是 102、200，以及 202。如下圖所示，每一個整數變數佔用 4 個位元組，所以記憶體位址編號會相差 4。

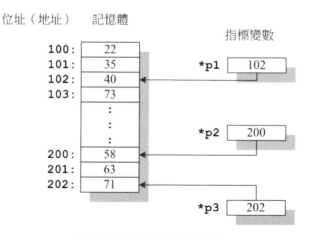

指標與記憶體的關係說明圖

範例程式 **CH08_01.c** ▶ 以下是相當經典的指標範例，弄懂後就能對取值運算子與取址運算子有更清楚的認識。並且將進一步說明利用指標變數存取其指向目標變數的用法，當重新改變指標變數的資料內容後，指向同一位址的變數內容也會隨之改變。

```c
01  #include <stdio.h>
02  #include<stdlib.h>
03  #include<string.h>
04
05  int main()
06  {
07      int a1=40, a2=58, a3=71;
08      int temp;
09      int *p1,*p2,*p3;
10
11
12      p1 = &a1;/* p1 指向 a1 的位址 */
13      p2 = &a2;/* p2 指向 a2 的位址 */
14      p3 = &a3;/* p3 指向 a3 的位址 */
15
16      printf(" 變數 a1 的值 :%d，*p1 的值 :%d\n",a1,*p1);
17      printf(" 變數 a2 的值 :%d，*p2 的值 :%d\n",a2,*p2);
18      printf(" 變數 a3 的值 :%d，*p3 的值 :%d\n",a3,*p3);
19
20      a1=101; /* 重新設定 a1 的值 */
21      *p2=103; /* 重新設定 *p2 的值 */
22      p3=p2; /* 將 p3 指向 p2 */
23      printf("----------------------------------\n");
24      printf(" 變數 a1 的值 :%d，*p1 的值 :%d\n",a1,*p1);
25      printf(" 變數 a2 的值 :%d，*p2 的值 :%d\n",a2,*p2);
26      printf(" 變數 a3 的值 :%d，*p3 的值 :%d\n",a3,*p3);
27      printf("----------------------------------\n");
28
29      return 0;
30  }
```

執行結果

```
變數 a1的值:40，*p1的值:40
變數 a2的值:58，*p2的值:58
變數 a3的值:71，*p3的值:71
----------------------------------------
變數 a1的值:101，*p1的值:101
變數 a2的值:103，*p2的值:103
變數 a3的值:71，*p3的值:103
----------------------------------------

----------------------------------------
Process exited after 0.1939 seconds with return value 0
請按任意鍵繼續 . . .
```

程式解說

◆ 第 12 ～ 14 行：將 p1、p2、p3 分別指向整數變數 a1、a2 與 a3。

◆ 第 20 行：重新設定 a1 的值為 101，第 24 行中可以看出同樣指向 a1 的 *p1 值也會同步改為 101。

◆ 第 21 行：重新設定 *p2 的值為 103，第 25 行中可以看出 a2 的值也會同步改為 103。

◆ 第 22 行：將 p3 指向 p2，所以 *p3 的值就是 *p2 的值，但 a3 的值仍為 71，並未改變。

8-2 多重指標

由於指標變數所儲存的是所指向的記憶體位址，對於它本身所佔有的記憶體空間也擁有一個位址，因此我們可以宣告「指標的指標」（pointer of pointer），就是「指向指標變數的指標變數」來儲存指標所使用到的記憶體位址與存取變數的值，或者可稱為「多重指標」。

8-2-1 雙重指標

　　所謂雙重指標，就是指向指標的指標，通常是以兩個 * 表示，也就是「**」。事實上，雙重指標並不是一個困難的概念。各位只要想像原本的指標是指向基本資料型態，例如整數、浮點數等等。而現在的雙重指標一樣是一個指標，只是它指向目標是另一個指標。雙重指標的語法格式如下：

```
資料型態 ** 指標變數 ;
```

　　以下我們利用一個範例說明，假設整數 a1 設定為 10，指標 ptr1 指向 a，而指標 ptr2 指向 ptr1，則程式碼如下所示：

```
int a1=10;              /* 設定基本整數值 a 為 10*/
int *ptr1, **ptr2;      /* 整數指標 ptr1 與雙重指標 ptr2*/
ptr1=&a1;               /* 將 a1 位址指定給 ptr1 */
ptr2=&ptr1;             /* 將 ptr1 位址指定給雙重指標 ptr2 */
```

　　至於整數 a1、指標 ptr1，與指標 ptr2 之間的關係，上述的程式碼可以由右圖說明：其中 int **ptr2 就是雙重指標，指向「整數指標」。而 int *ptr1 存放的是 a1 變數的位址，而 ptr2 變數存放的是 ptr1 變數的位址。在上圖中可以發現，變數 a1、指標變數 *ptr1，以及雙重指標變數 *ptr2 皆佔有記憶體位址，分別為 0022FF74、0022FF70，與 0022FF6C。

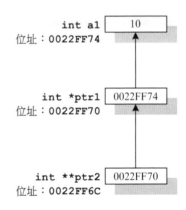

　　事實上，從單一指標 int *ptr1 來看，*ptr1 變數本身可以視為指向「int」型態的指標。而從雙重指標 int **ptr2 來看，**ptr2 變數不就是指向「int *」型態的指標了嗎？

範例程式 **CH08_02.c** ▶ 以下範例是說明雙重指標的宣告與使用，觀念就在表示除了 **ptr1** 是指向 **a1** 的位址，則 ***ptr1=10**。另外 **ptr2** 是指向 **ptr1** 的位址，因此 ***ptr2=ptr1**，而經過兩次「反參考運算子」的運算後，得到 ****ptr2=10**。

```
01  #include <stdio.h>
02  #include<stdlib.h>
03
04  int main()
05  {
06      int a1=10;
07      int *ptr1,**ptr2;
08
09      ptr1=&a1;/* ptr 指向 a1 的位址 */
10      ptr2=&ptr1;/* ptr2 指向 ptr1 的位址 */
11
12      printf(" 變數 a1 之位址:%p，內容:%d\n",&a1,a1);
13      printf(" 變數 ptr1 之位址:%p，內容:%p，*ptr1:%d\n",&ptr1,ptr1,*ptr1);
14      printf(" 變數 ptr2 之位址:%p，內容:%p，**ptr2:%d\n",
                &ptr2,ptr2,**ptr2);
15
16      return 0;
17  }
```

執行結果

```
變數 a1 之位址:000000000062FE4C，內容:10
變數 ptr1 之位址:000000000062FE40，內容:000000000062FE4C，*ptr1：10
變數 ptr2 之位址:000000000062FE38，內容:000000000062FE40，**ptr2：10
--------------------------------
Process exited after 0.1971 seconds with return value 0
請按任意鍵繼續 . . . ■
```

程式解說

◆ 第 9 行：ptr 指向 a1 的位址，第 10 行 ptr2 指向 ptr1 的位址。

◆ 第 12 ～ 13 行：可以發現 &a1 的位址和 ptr 是一樣的，而 *ptr 的值也和 a1 相同。

◆ 第 13 ～ 14 行：&ptr1 和 ptr2 相同，ptr1 與 *ptr2 一樣，*ptr1 與 **ptr2 相同。

8-2-2 三重指標

既然有雙重指標，那可否有三重指標或是更多重的指標呢？當然是可以的。就像前面所說的，雙重指標就是指向指標的指標，例如三重指標就是指向「雙重指標」的指標，語法格式為：

```
資料型態 *** 指標變數名稱；
```

在此我們仍然延續上一小節的範例，假設整數 a1 設定為 10，指標 ptr1 指向 a，而指標 ptr2 指向 ptr1，而指標 ptr3 指向 ptr2。則程式碼如下所示：

```
int a1=10;           /* 設定基本整數值 a 為 10*/
int *ptr1, **ptr2;   /* 整數指標 ptr1 與雙重指標 ptr2*/
int ***ptr3;         /* 三重指標 ptr3*/
ptr1=&a1;            /* 將 a1 位址指定給 ptr1*/
ptr2=&ptr1;          /* 將 ptr1 位址指定給雙重指標 ptr2*/
ptr3=&ptr2;          /* 將 ptr2 位址指定給雙重指標 ptr3*/
```

除了原本的 a1、*ptr1、**ptr2 之外，我們又再新增三重指標 ***ptr3。藉由 ptr3=&ptr2; 的敘述可將雙重指標 **ptr2 的位址指定給三重指標 ***ptr3。因此，ptr3 指標變數的內容為 0022FF6C，即為 ptr2 的位址。接下來，使用 ***ptr3 則可存取 a 變數的內容，所以 ***ptr3 之值即為 10，如右圖所示。

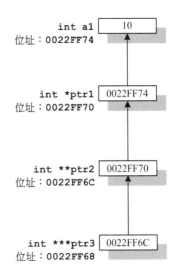

各位或許發現一點，如果從以上的概念圖來解釋的話，多一個「*」符號其實就是往前推進一個箭號。因此，針對 ***ptr3 而言，就是自本身變數

起移動三個箭號，便可以存取到 a 變數的內容。所以一重指標就是「指向基本資料」的指標，雙重指標是指向「一重指標」的指標，三重指標即是「指向雙重指標」的指標，其他更多重的指標便可依此類推。例如以下的四重指標：

```
int   a1= 10;
int *ptr1 = &num;
int **ptr2 = &ptr1;
int ***ptr3 = &ptr2;
int ****ptr4 = &ptr3;
```

範例程式 **CH08_03.c** ▶ 以下範例宣告了三重指標的應用與實作方式，依據相同的方法，您也可以自行練習宣告更多重的指標。

```
01   #include <stdio.h>
02   #include<stdlib.h>
03
04   int main()
05   {
06       int a1=10;
07       int *ptr1,**ptr2;
08       int ***ptr3;
09
10       ptr1=&a1; /* ptr1 是指向 a1 的指標 */
11       ptr2=&ptr1;/* ptr2 是指向 ptr1 的指標 */
12       ptr3=&ptr2;/* ptr3 是指向 ptr2 的指標 */
13
14       printf(" 變數 a1 之位址 :%p，內容 :%d\n",&a1,a1);
15       printf(" 變數 ptr1 之位址 :%p，ptr1 的內容 :%p，*ptr1：%d\n",&ptr1,
             ptr1,*ptr1);
16       printf(" 變數 ptr2 之位址 :%p，ptr2 的內容 :%p，**ptr2：%d\n",&ptr2,
             ptr2,**ptr2);
17       printf(" 變數 ptr3 之位址 :%p，ptr3 的內容 :%p，***ptr3：%d\n",&ptr3,
             ptr3,***ptr3);
18
19       return 0;
20   }
```

執行結果

```
變數 a1 之位址:000000000062FE4C,內容:10
變數 ptr1 之位址:000000000062FE40,ptr1的內容:000000000062FE4C,*ptr1:10
變數 ptr2 之位址:000000000062FE38,ptr2的內容:000000000062FE40,**ptr2:10
變數 ptr3 之位址:000000000062FE30,ptr3的內容:000000000062FE38,***ptr3:10

--------------------------------
Process exited after 0.2949 seconds with return value 0
請按任意鍵繼續 . . . ■
```

程式解說

- 第 10 行:ptr1 是指向 a1 的指標。

- 第 11 行:ptr2 是指向 ptr1 的整數型態雙重指標。

- 第 12 行:ptr3 是指向 ptr2 的整數型態三重指標指標。

- 第 16 行:ptr2 所存放的內容為 ptr1 的位址 (&ptr1),而 *ptr2 即為 ptr1 所存放的內容。各位可將 **ptr2 看成 *(*ptr2),也就是 *(ptr),因此 **ptr2=*ptr1=10。

- 第 17 行:ptr3 所存放的內容為 ptr2 的位址 (&ptr2),而 *ptr3 即為 ptr2 所存放的內容,另外 **ptr3 即為 *ptr2 所存放的內容,至於 ***ptr2 看成 *(**ptr2),因此 ***ptr3=**ptr2=10。

8-3 指標運算

學會了使用指標儲存變數的記憶體位址之後,各位也可以針對指標使用 + 運算子或 - 運算子來進行運算。然而當你對指標使用這兩個運算子時,並不是進行如數值般的加法或減法運算,而是針對所存放的位址來運算,也就是向右或左移動某幾個單元的記憶體位址,而移動的單位則視所宣告的資料型態所佔位元組而定。

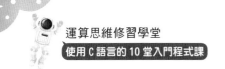

不過對於指標的加法或減法運算，只能針對常數值（如 +1 或 -1）來進行，不可以做指標變數之間的相互運算。因為指標變數內容只是存放位址，而位址間的運算並沒有任何實質意義，而且容易讓指標變數指向不合法位址。

8-3-1 遞增與遞減運算

我們可以換個角度來想，在現實生活中的門牌號碼，雖然是以數字的方式呈現，但是否能夠運算？運算後又有什麼樣的意義呢？例如將中山路 10 號加 2，其實可以知道是往門牌號碼較大的一方移動 2 號，可以得到中山路 12 號；同樣地，如果將中山路 10 號減 2，可得到中山路 8 號。這樣來説，位址的加法與減法才算有意義。

由於不同的變數型態，在記憶體中所佔空間也不同，所以當指標變數加一或減一時，是以指標變數所宣告型態的記憶體大小為單位，來決定向右或向左移動多少單位。例如以下程式碼表示一個整數指標變數，名稱為 piVal，當指標宣告時所取得 iVal 的位址值為 0x2004，之後 piVal 作遞增（++）運算，其值將改變為 0x2008：

```
int iVal=10;
int* piVal=&iVal; /* piVal=0x2004 */
piVal++; /* piVal=0x2008 */
```

範例程式 CH08_04.c ▶ 以下範例會發現，因為整數型態佔有四個位元組，因此指標每進行一次加一（++）運算，記憶體位址就會向右移動 4 位元組，每進行一次減一運算（--），記憶體位址就會向左移動 4 位元組。

```
01  #include <stdio.h>
02  #include <stdlib.h>
03
```

```
04  int main()
05  {
06      int *int_ptr,no;      /* 宣告整數型態指標 */
07      int_ptr=&no;/* 初始化指標 */
08
09      printf(" 最初的 int_ptr 位址 :\n");
10      printf( "int_ptr = %p\n", int_ptr);
11      int_ptr++;
12      printf("int_ptr++ 後位址 :\n");
13      printf( "int_ptr = %p\n", int_ptr);
14      int_ptr--;
15      printf("int_ptr-- 後位址 :\n");
16      printf( "int_ptr = %p\n", int_ptr);
17      int_ptr=int_ptr+2;
18      printf("int_ptr+2 後位址 :\n");
19      printf( "int_ptr = %p\n", int_ptr);
20      int_ptr=int_ptr-2;
21      printf("int_ptr-2 後位址 :\n");
22      printf( "int_ptr = %p\n", int_ptr);
23
24      return 0;
25  }
```

執行結果

```
最初的int_ptr位址:
int_ptr = 000000000062FE44
int_ptr++後位址:
int_ptr = 000000000062FE48
int_ptr--後位址:
int_ptr = 000000000062FE44
int_ptr+2後位址:
int_ptr = 000000000062FE4C
int_ptr-2後位址:
int_ptr = 000000000062FE44

----------------------------------
Process exited after 0.2979 seconds with return value 0
請按任意鍵繼續 . . . ▪
```

程式解說

- 第 6 行：宣告整數型態指標。

- 第 7 行：初始化指標，並給予合法位址。

- 第 10 行：輸出最初的 int_ptr 位址。

- 第 11 行：執行 int_ptr++ 的遞增運算，可以發現第 13 行中輸出的 int_ptr 位址向右移動 4 個位元組。

- 第 14 行：執行 int_ptr-- 的遞減運算，可以發現第 16 行中輸出的 int_ptr 位址又向左移動 4 個位元組。

- 第 17 行：執行 int_ptr=int_ptr+2 的加法運算，可以發現第 19 行中輸出的 int_ptr 位址又向左移動 4*2 個位元組。

- 第 20 行：執行 int_ptr=int_ptr-2 的減法運算，可以發現第 21 行中輸出的 int_ptr 位址又向右移動 4*2 個位元組。

課後評量

1. 試説明以下宣告的意義。

```
int* x, y;
```

2. 試説明以下運算式的意義，請詳述取址運算子（*）與乘法運算子間的用法差異。

```
*ptr = *ptr * *ptr * *ptr;
```

3. 指標的操作需透過哪兩種運算子？

4. 以下是三重指標的程式片段：

```
int num = 100;
int *ptr1 = &num;
int **ptr2 = &ptr1;
int ***ptr3 = &ptr2;
```

   請問 **ptr2 與 ***ptr3 的值為何？

5. 請問以下程式碼哪一行有錯誤？試説明原因。

```
01  int value=100;
02  int *piVal,*piVal1;
03  float *px,qx;
04  piVal= &value;
05  piVal1=piVal;
06  px=piVal1;
```

6. 指標的加法運算和一般變數加法運算有何不同？

APCS 檢定考古題

1. 以下程式片段中，假設 a, a_ptr 和 a_ptrptr 這三個變數都有被正確宣告，
   且呼叫 G() 函式時的參數為 a_ptr 及 a_ptrptr。G() 函式的兩個參數型態該
   如何宣告？〈105 年 10 月觀念題〉

```
void G ( (a) a_ptr, (b) a_ptrptr) {
    ...
}

void main () {
    int a = 1;
    // 加入 a_ptr, a_ptrptr 變數的宣告
    ...
    a_ptr = &a;
    a_ptrptr = &a_ptr;
    G (a_ptr, a_ptrptr);
}
```

(A) (a) *int, (b) *int

(B) (a) *int, (b) **int

(C) (a) int*, (b) int*

(D) (a) int*, (b) int**

解答 (D) (a) int*, (b) int**

這是單一指標及雙重指標的用法，指標其實就可以看成是一種變數，所不
同的是指標並不儲存數值，而是記憶體的位址。

Chapter

9

速學結構與
其他自訂資料型態

我們知道陣列可以看成是一種集合，能用來記錄一組型態相同的資料，然而請試著考慮一種狀況，若是要同時記錄多筆不同資料型態的資料，陣列就不適合使用，這時 C 語言的結構型態（struct）就能派上用場。簡單來說，結構就是一種能讓使用者自訂資料型態，並將一種或多種相關聯的資料型態集合在一起，形成全新的資料型態。C 語言中包括了結構（struct）、列舉（enum）、聯合（union）與型態定義（typedef）等四種自訂資料型態。

個人資料填寫表			
姓名		性別	□男 □女
生日		電話	
住址			

個人資料表就很適合應用結構型態來表示

9-1 結構簡介

結構能允許形成一種衍生資料型態（derived data type），也就是以 C 現有的資料型態作為基礎，允許使用者建立自訂資料型態。因此結構宣告後，只是告知編譯器產生一種新的資料型態，接著還必須宣告結構變數，才可以開始使用結構來存取其成員。例如考慮描述一位學生成績資料，這時除了要記錄學號與姓名等字串資料外，還必須定義數值資料型態來記錄如英文、國文、數學等成績，此時陣列就不適合使用。這時可以把這些資料型態組合成結構型態，來簡化資料處理的問題。

9-1-1 宣告結構變數

結構變數宣告有兩種方式：第一種方式為結構與變數分開宣告，先定義結構主體，再宣告結構變數，或者在定義結構主體時，一併宣告建立結構變數。結構的架構必須具有結構名稱與結構項目，而且必須使用 C 語言的關鍵字 struct 來建立，宣告方式如下所示：

```
struct 結構型態名稱
    {
        資料型態 結構成員 1；
        資料型態 結構成員 2；
        ......
        } 結構變數 1；
或
結構型態名稱 結構變數 2；
```

在結構定義中可以使用 C 語言的變數、陣列、指標，甚至是其他結構成員宣告等。以下是定義一個簡單結構的範例：

```
struct person
{
    char name[10];
    int age;
    int salary;
};  /* 記得務必加上分號 ; */
```

請各位留意在定義之後的分號不可省略，通常新手在使用結構定義資料型態時，常常會犯這項錯誤。還要特別強調的是，結構中不能有同名結構存在，以下就是一種錯誤的結構宣告：

```
struct student
{
    char name[80];
    struct student next; /* 不能有同名結構 */
};
```

在定義了結構之後，就等於定義了一種新的資料型態，即可依下列的宣告方式，宣告結構變數：

```
struct student s1, s2;
```

各位也可以在定義結構主體的同時宣告建立結構變數，如下所示：

```
struct student
{
    char name[10];
    int score;
    int ID;
} s1, s2;
```

或者是採用不定義結構名稱來直接宣告結構變數與同時指定初始值，如下所示：

```
struct
{
    char name[10];
    int score;
    int ID;
} s1={ "Justin",90,10001};
```

當各位定義完新的結構型態及宣告結構變數後，就可以開始使用所定義的結構成員項目。只要在結構變數後加上點號運算子 "." （dot operator）與結構成員名稱，就可以直接存取該筆資料，語法如下：

```
結構變數 . 項目成員名稱；
```

範例程式 **CH09_01.c** ▶ 以下範例是相當簡單的結構宣告與應用，其中宣告包含兩個整數的結構，再由鍵盤輸入的方式取得該結構的成員並印出其值。

```c
01  #include <stdio.h>
02  #include <stdlib.h>
03
04  int main()
05  {
06      struct
07      {
08          int length;
09          int width;
10      } rectangle;/* 宣告結構型態與變數 */
11
12      printf(" 輸入長與寬：");
13      scanf("%d %d", &rectangle.length, &rectangle.width);
14      /* 輸入長與寬的值 */
15      printf(" 長 =%d 寬 =%d\n", rectangle.length, rectangle.width);
16      /* 利用點運算子來輸出結構變數中的各項值 */
17
18      return 0;
19  }
```

執行結果

```
輸入長與寬：10 8
長=10 寬=8

---------------------------------
Process exited after 2.462 seconds with return value 0
請按任意鍵繼續 . . .
```

程式解說

◆ 第 6 ～ 10 行：同時宣告結構型態與變數。

◆ 第 13 行：輸入長與寬的值。

◆ 第 15 行：利用點運算子來輸出結構變數中的各項值。

9-1-2 結構陣列

如果同時要宣告好幾筆同樣結構的資料，一筆一筆宣告似乎較沒有效率，這時可以將其宣告成結構陣列模式。宣告方式如下：

```
struct 結構名稱 結構陣列名稱 [ 陣列長度 ];
```

例如以下 student 型態的結構陣列 class1：

```
struct student
{
    char name[20];
        int math;
        int english;
    };
struct student class1[3]=
{{" 方立源 ",88,78},{" 陳忠憶 ",80,97},{" 羅國煇 ",98,70}};
```

至於要存取結構陣列的成員，則在陣列後方加上 "[索引值]" 存取該元素即可，例如：

```
結構陣列名稱 [ 索引值 ]. 陣列成員名稱
```

範例程式 **CH09_02.c** ▶ 以下範例將定義 **student** 結構，將其宣告為 **3** 個元素的結構陣列，並計算這 **3** 個學生的數學與英文平均成績及輸出 **3** 位學生的姓名、數學與英文成績。

```
01  #include <stdio.h>
02  #include <stdlib.h>
03
04  int main()
05  {
06      struct student
07      {
08          char name[10];/* 可儲存 10 個字元的字串 */
```

```
09          int math;
10          int english;
11      }; /* 定義結構 */
12
13      struct student class1[3]=
14      {{" 周傑侖 ",87,69},{" 蔡依玲 ",77,88},{" 金成五 ",78,70}};
15      /* 定義並設定結構陣列初始值 */
16      int i;
17      float math_Ave=0,english_Ave=0;
18
19      for(i=0;i<3;i++)
20      {
21          math_Ave=math_Ave+class1[i].math;/* 計算數學總分 */
22          english_Ave=english_Ave+class1[i].english;/* 計算英文總分 */
23          printf(" 姓名 :%s\t 數學成績 :%d\t 英文成積 :%d\n",class1[i].name,
                  class1[i].math,
24          class1[i].english);
25      }
26      printf("-------------------------------------------\n");
27      printf(" 數學平均分數 :%4.2f   英文平均分數 :%4.2f\n",math_Ave/3,english_
            Ave/3);
28
29      return 0;
30  }
```

執行結果

```
姓名:周傑侖      數學成績:87      英文成積:69
姓名:蔡依玲      數學成績:77      英文成積:88
姓名:金成五      數學成績:78      英文成積:70
-------------------------------------------
數學平均分數:80.67   英文平均分數:75.67

-------------------------------
Process exited after 0.1883 seconds with return value 0
請按任意鍵繼續 . . . ■
```

程式解說

◆ 第 6 ～ 11 行：定義 student 結構，其中包括字串 name、整數 math 與整數 english 三種資料成員。

- ◆ 第 8 行：宣告 name 可儲存 10 個字元的字串。
- ◆ 第 13～14 行：定義並直接設定 3 個元素的結構陣列初始值。
- ◆ 第 21 行：計算數學總分及第 22 行計算英文總分。
- ◆ 第 27 行：計算 3 個學生的兩科平均成績。

9-1-3 巢狀結構

結構內的成員除了可以宣告各種不同資料型態的變數外，這些資料型態也可以是一種自訂的結構型態，這種在結構中宣告建立另一個結構的結構，就是所謂的巢狀結構。巢狀結構的宣告格式如下：

```
struct 結構名稱 1
{
    ......
};
struct 結構名稱 2
{
......
    struct 結構名稱 1 變數名稱；
    ......
    }
```

例如在下面的程式碼片段中，定義了 employee 結構，並在其中使用原先定義好的 name 結構中宣告了 employee_name 成員及定義 m1 結構變數：

```
struct name
{
    char first_name[10];
    char last_name[10];
};
struct employee
{
    struct name employee_name;
    char mobil[10];
    int salary;
} m1={ {" 致遠 "," 陳 "},"0932888777",40000};
```

　　當然也可以將巢狀結構用以下的方式來撰寫，將內層結構包於外層結構之下，可省略內層結構的名稱定義：

```
struct employee
{
    struct
    {
        char first_name[10];
        char last_name[10];
    } employee_name;
    char mobil[10];
    int salary;
} m1={ {" 致遠 "," 陳 "},"0932888777",40000};
```

　　巢狀結構的成員存取方式由外層結構物件加上小數點「.」，以存取內層結構物件，再存取內層結構物件的成員，一層接著一層。

範例程式 **CH09_03.c** ▶ 以下範例定義一巢狀結構 product，其資料成員包含 weight（重量）與規格（scale），而規格（scale）是屬於 size 結構的變數，由長（length）、寬（width）與高（height）三個成員所組成，在此程式中宣告及設定一個 parcel 型態變數 large，並輸出其所有成員資料。

```
01  #include <stdio.h>
02  #include <stdlib.h>
03
04  int main()
05  {
06      struct size /* 定義結構 size */
07      {
08          int length;
09          int width;
10          int height;
11      };
12      struct parcel /* 定義巢狀結構 parcel */
13      {
14          float weight;
15          struct size scale;
```

```
16        } large={35.8,{160,90,70}};    /* 宣告結構變數 large*/
17
18      printf(" 箱子重量 :%0.1f 公斤 \n",large.weight);
19      printf(" 箱子長度 :%d 公分 \n",large.scale.length);
20      printf(" 箱子寬度 :%d 公分 \n",large.scale.width);
21      printf(" 箱子高度 :%d 公分 \n",large.scale.height);
22
23      return 0;
24  }
```

執行結果

```
箱子重量:35.8 公斤
箱子長度:160 公分
箱子寬度:90 公分
箱子高度:70 公分

--------------------------------
Process exited after 0.1239 seconds with return value 0
請按任意鍵繼續 . . .
```

程式解說

◆ 第 6 ～ 11 行：定義結構 size，包含 3 個成員變數。

◆ 第 12 ～ 16 行：定義巢狀結構 parcel，並宣告結構變數 large。

◆ 第 18 ～ 21 行：以小數點「.」存取內層結構物件，再存取內層結構物件的成員，一層接著一層。

9-2 列舉型態

　　列舉（enum）是一種很特別的常數定義方式，它是由一組常數集合成的列舉成員，並給予各常數值不同的命名，使用列舉型態的宣告，可以利用有意義的名稱指定的方式，來取代從外觀較不易判讀意義的整數常數，使用列舉型態

的好處是讓程式碼更具可讀性，方便程式設計師撰寫程式碼，使得程式碼的閱讀更加地容易。

9-2-1 列舉型態宣告

列舉型態的定義及宣告方式其實和結構有些類以，列舉型態的宣告是以 enum 為其關鍵字，在 enum 後面接續列舉型態名稱，宣告語法如下：

```
enum 列舉型態名稱
{
    列舉成員 1,
    列舉成員 2,
       ……
}
enum列舉型態名稱 列舉變數 1,列舉變數 2…; /* 宣告變數 */
```

例如以下宣告：

```
enum fruit
{
    apple,
    banana,
    watermelon,
    grape
}; /* 定義列舉型態 fruit */
enum fruit fru1,fru2; /* 宣告列舉型態 fruit 的變數 */
```

在宣告列舉型態時，如果沒有指定列舉成員的常數值，則 C 系統會自動將第一個列舉成員指定為 0，而後面的列舉成員的常數值則依續遞增。列舉成員的值可不一定要從 0 開始，如果要設定列舉成員的初始值，則可於宣告同時直接指定其值。對於沒有指定初始值的列舉成員（tea），則系統會以最後一次指定常數值的列舉成員為基準，依序遞增並指定。如下所示：

```
enum Drink
        {
        coffee=20,    /* 值為 20 */
        milk=10,      /* 值為 10 */
        tea,          /* 值為 11 */
        water         /* 值為 12 */
        };
```

以下宣告表示定義 Drink 列舉型態的變數 my_drink 與 his_drink：

```
enum Drink
        {
        coffee=10,    /* 值為 10 */
        milk,         /* 值為 11 */
        tea,          /* 值為 12 */
        water         /* 值為 13 */
        }my_drink;

 enum Drink his_drink;
```

範例程式 **CH09_04.c** ▶ 以下範例是說明列舉型態的宣告與應用，並使用 **for** 迴圈將所有的水果名稱設定顯示出來。

```
01   #include <stdio.h>
02   #include <stdlib.h>
03
04   int main()
05   {
06       enum fruit { APPLE = 1, BANANA, WATERMELON, GRAPE };
07       /* 定義列舉型態 fruit */
08       char *fruit_name[] = { "apple", "banana",
09                            "watermelon", "grape"};
10       int i;
11       for(i = APPLE; i <= GRAPE; i++)
12           printf(" 第 %d 水果名稱： %s\n", i,fruit_name[i-1]);
13       /* 第 1 個列舉常數 apple 的預設值為 1，依次遞增 */
14
15       return 0;
16   }
```

```
第 1 水果名稱： apple
第 2 水果名稱： banana
第 3 水果名稱： watermelon
第 4 水果名稱： grape

--------------------------------
Process exited after 0.1496 seconds with return value 0
請按任意鍵繼續 . . .
```

程式解說

- ◆ 第 6 行：定義列舉型態 fruit，第 1 個列舉常數 APPLE 的預設值為 1，第 2 個列舉常數 BANANA 的預設值為 2，第 3 個列舉常數 WATERMELON 的預設值為 3，第 4 個列舉常數 GRAPE 的預設值為 4。

- ◆ 第 8 ～ 9 行：宣告一字串陣列。

- ◆ 第 11 ～ 12 行：利用列舉常數輸出字串陣列元素。

9-3 聯合型態

聯合型態（union）與結構型態（struct），無論是在定義方法或成員存取上都十分相像，但結構型態指令所定義的每個成員擁有各自記憶體空間，不過聯合卻是共用記憶體空間。如下圖所示：

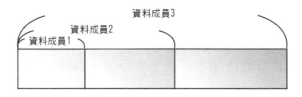

聯合的成員在記憶體中的位置

9-3-1 聯合型態的宣告

聯合型態變數內的各個成員以同一記憶體區塊儲存資料，並以佔最大長度記憶體的成員為聯合的空間大小。聯合型態的兩種宣告方式如下：

```
union 聯合型態名稱
{
    資料型態 1 資料成員 1;
    資料型態 2 資料成員 2;
    資料型態 3 資料成員 3;
        ......
} 聯合變數;

union 聯合型態名稱 聯合變數;
```

以下是聯合型態的宣告範例：

```
union student
{
    char name[10];/* 佔 10bytes 空間 */
    int score;/* 佔 4bytes 空間 */
};
```

例如定義以下的聯合型態 Data，則 u1 聯合物件的長度會以字元陣列 name 為主，也就是 20 個位元組：

```
union Data
{
    int a;
    int b;
    char name[20];
} u1;
```

定義完新的聯合型態及宣告聯合變數後，就可以開始使用所定義的資料成員項目。只要在聯合變數後加上成員運算子 "." 與資料成員名稱，就可以直接存取該筆資料：

```
聯合物件 . 資料成員;
```

範例程式 **CH09_05.c** ▶ 以下範例中是比較以聯合及結構型態分別宣告相關變數所佔記憶空間大小，其中兩個資料成員所佔空間都一致，由程式中輸出結果，各位可以看出聯合是共用記憶體空間。

```c
01   #include <stdio.h>
02   #include <stdlib.h>
03
04   struct product
05   {
06       int id;
07       int price;
08       float weight;
09   }; /* 宣告結構型態 */
10
11   union product_U
12   {
13       int id;
14       int price;
15       float weight;
16   }; /* 宣告聯合型態 */
17
18   int main(void)
19   {
20       struct product obj1;/* 結構變數 */
21       union product_U obj2; /* 聯合變數 */
22       printf(" 結構變數佔用 =%d 位元組 \n",sizeof(obj1));
23       printf(" 聯合變數佔用 =%d 位元組 \n",sizeof(obj2));
24
25       return 0;
26   }
```

執行結果

```
結構變數佔用=12 位元組
聯合變數佔用=4 位元組

-----------------------------------
Process exited after 0.2435 seconds with return value 0
請按任意鍵繼續 . . . ■
```

程式解說

- ◆ 第 5 ～ 9 行：宣告結構型態。
- ◆ 第 11 ～ 16 行：宣告聯合型態。
- ◆ 第 20 行：宣告結構變數。
- ◆ 第 21 行：宣告聯合變數。
- ◆ 第 22 行：輸出此結構變數所佔用位元組。
- ◆ 第 23 行：輸出此聯合變數所佔用位元組。

9-4　型態定義功能

所謂型態定義功能（typedef），可以用來定義自己喜好的資料型態名稱，可以將原有的資料型態以另外一個名稱重新定義，目的也是讓程式可讀性更高。宣告語法如下：

```
typedef 原資料型態 新定義型態識別字
```

例如：

```
typedef int integer;
integer age=120;
type char* string;
string s1="生日快樂";
```

此外，還要說明一種有趣的情況，其實以上例只是簡單重新定義某一種資料型態（例如 int），各位其實也可以利用 typedef 指定，也可以達到所要的效果。例如程式設計師可以利用 typedef 指令將 int 重新定義為 Integer：

```
typedef int integer;
integer age=20;
```

經過以上宣告，這時 int 及 integer 都宣告為整數型態。如果重新定義結構型態，程式碼宣告就不必每次加上 struct 保留字了，例如：

```
typedef struct house
{
    int roomNumber;
    char houseName[10];
} house_Info;
house_Info  myhouse;
```

範例程式 **CH09_06.c** ▶ 以下範例是說明型態定義指令（**typedef**）重新定義 **int** 型態與字元陣列，當重新定義結構後，就不必加上 **struct** 保留字了。

```
01  #include <stdio.h>
02  #include <stdlib.h>
03
04  typedef int INTEGER;/* 把 int 定義成 INTEGER */
05  typedef char* STRING;/* 把 char* 定義成 STRING */
06
07  int main()
08  {
09      INTEGER amount;/* 宣告 amount 是 INTEGER 型態 */
10      STRING s1="生日快樂";/* 宣告 s1 是 STRING 型態 */
11      amount=9999;
12      printf("%s %d\n",s1,amount);
13
14      return 0;
15  }
```

執行結果

```
生日快樂 9999

----------------------------------
Process exited after 0.1488 seconds with return value 0
請按任意鍵繼續 . . .
```

程式解說

- ◆ 第 4 行：INTEGER 被定義成 int 型態。

- ◆ 第 5 行：把 char* 定義成 STRING。

- ◆ 第 9 行：宣告 amount 是 INTEGER 型態。

- ◆ 第 10 行：宣告 s1 是 STRING 型態。

★ 課 後 評 量

1. 請問以下的程式碼片段，在哪一行會發生編譯上的錯誤？

```
1   struct flower
2   {
3       /* 花的名稱 */
4       char *name;
5   };
6   struct flower fruit_flower[5];
7   fruit_flower.name[0]= " lotus";
```

2. 以下的宣告有何錯誤？

```
struct member
{
    char name[80];
    struct member no;
}
```

3. 以下程式碼片段將建立具有五個元素的 **student** 結構陣列，陣列中每個元素都各自擁有字串 name 與整數 score 成員，請問此結構陣列共佔有多少位元組？

```
struct student
{
    char name[10];
    int score;
};
struct student class1[5];
```

4. 有一列舉型態定義如下：

```
enum fruit
{
    watermelon=1,
    papaya,
    grapes = 6,
    strawberry=10
};
```

請問以下的輸出結果為何？

```
01  printf(" 西瓜 %d 顆 \n", watermelon);
02  printf(" 木瓜 %d 顆 \n", papaya);
03  printf(" 葡萄 %d 串 \n", grapes);
04  printf(" 草莓 %d 盒 \n", strawberry);
```

5. 請說出以下程式碼的錯誤之處。

```
01  typedef struct house
02  {
03      int roomNumber;
04      char houseName[10];
05  } house_Info;
06
07  struct house_Info  myhouse;
```

6. 請問以下變數 example 佔了多少位元組？

```
enum Drink
{
    coffee=25,
    milk=20,
    tea=15,
    water
};
enum Drink example;
```

7. 請列舉型態指令（enum）的意義與功用。

Chapter

10

基礎檔案輸入與輸出管理懶人包

　　檔案（File）是電腦中數位資料的集合，也是在硬碟機上處理資料的重要單位，這些資料以位元組的方式儲存，可以是一份報告、一張圖片或一個執行程式，並且包括了資料檔、程式檔與可執行檔等格式。當 C 語言的程式執行完畢之後，所有儲存在記憶體的資料都會消失，這時如果需要將執行結果儲存在不會揮發的輔助儲存媒體上（如磁碟、光碟等），必須透過檔案模式來加以保存。

我們經常在輔助記憶體上備份檔案

Tips

　　檔案在儲存時可以分為兩種方式：「文字」檔案（text file）與「二進位」檔案（binary file）。文字檔案會以字元編碼的方式進行儲存，在 Windows 作業系統中副檔名為 txt 的檔案，就是屬於文字檔案。所謂二進位檔案，就是將記憶體中的資料原封不動的儲存至檔案之中，適用於非字元為主的資料，例如編譯過後的程式檔案、圖片或影片檔案等。

　　在 C 語言中資料流（stream）的主要功用是作為程式與周邊的資料傳輸管道，檔案的處理正是透過資料流（stream）方式存取資料。在進行 C 的檔案存取時，都會先進行「開啟檔案」的動作，這個動作即是在開啟資料流，而「關閉檔案」這個動作，就是在關閉資料流。在 C 語言中主要是利用檔案處理函數來處理包括開啟檔案、讀取檔案、更新檔案與關閉檔案等動作，這些檔案處理函數通常以是否利用到緩衝區來區隔。C 語言提供了相當豐富的檔案輸入與輸出函數，本章終將介紹幾種基本與常見的功能。

Tips

當進行檔案輸入輸出時，其實並不會直接對磁碟進行存取，而是先開啟資料流，將磁碟上的檔案資訊置放到緩衝區（buffer）中，而程式則從緩衝區中存取所需的資料。緩衝區的設置是為了存取效率上的考量，例如在程式中下達寫入的指令時，資料並不會馬上寫入磁碟，而是先寫入緩衝區中，只有在下達「關閉檔案」動作時，才會將資料寫入磁碟之中。

10-1 fopen() 函數與 fclose() 函數

C 語言使用標準 I/O 函數進行檔案的開啟、寫入與關閉動作，標準 I/O 函數會自動幫忙處理緩衝區。當各位要進行檔案的處理動作時，除了必須含括 stdio.h 標頭檔，還必須宣告一個指向檔案的 FILE 型態指標。FILE 是一種指標型態，只要宣告如下，就可記錄並指向這個檔案所使用的緩衝區起始位址：

```
FILE *檔案指標變數;
```

各位要進行檔案的存取，必先開啟資料流，也就是進行開啟檔案的動作，在標準 I/O 中要進行檔案的開啟，則是使用 fopen() 這個函數。fopen() 函數會傳回一個結構指標位址，各位只要將這個位址當作參數傳遞給其他函數就可以了，如果檔案開啟失敗，則會傳回一個 NULL。在呼叫 fopen() 函數時，必須將所宣告 FILE 結構指標變數用來接收 fopen() 函數的傳回值。格式如下所示：

```
檔案指標變數=fopen("檔案名稱","存取模式字串");
```

此處的檔案名稱，可以包括檔案路徑，如果沒有指定則預設為目前的工作目錄。而存取模式字串則如下所示：

存取模式	說明
r	開啟檔案進行讀取動作，不寫入任何內容
w	產生一個新的檔案，如果有同名檔案存在，則該檔案會被丟棄
a	開啟一個已存在的檔案，所寫入的檔案會附加在原檔案的尾端；如果指定的檔案不存在，則產生一個新的檔案
r+	開啟一個已經存在的檔案，以進行讀取或修改
w+	產生一個新的檔案，以進行讀取或寫入，如果有同名檔案存在，則該檔案會被丟棄
a+	開啟一個已存在的檔案，所寫入的檔案會附加在原檔案的尾端；如果指定的檔案不存在，則產生一個新的檔案，作用與 a 相同

檔案處理完畢後，最好要記得關閉檔案，只有在使用 fclose() 關閉檔案時，緩衝區中的資料才會寫入磁碟之中，如果檔案關閉成功，則會傳回值 0，否則就傳回非 0 值。關閉檔案的指令宣告如下：

```
fclose(檔案指標變數);
```

範例程式 CH10_01.c ▶ 以下範例中將說明 **fopen()** 函數與 **fclose()** 函數的宣告用法，也就是透過判斷指標變數是否為 **NULL** 來確認檔案是否存在。

```
01  #include <stdio.h>
02  #include <stdlib.h>
03
04  int main ()
05  {
06      FILE * pFile; /* 宣告一個指標型態的變數，變數名稱 :pFile*/
07
08      pFile = fopen ("fileIO.txt","r"); /* 讀取方式開啟檔案 */
09      if (pFile!=NULL){                  /* 當指標不為 Null 時 */
10          printf(" 檔案讀取成功 \\n");      /* 表示讀取成功 */
11          fclose (pFile);                /* 開啟成功後記得關閉 */
12      }
13      else
14      printf(" 檔案讀取失敗 \\n");          /* 當指標為 Null 時，表示失敗 */
15
16      return 0;
17  }
```

```
檔案讀取成功
-----------------------------------
Process exited after 0.1632 seconds with return value 0
請按任意鍵繼續 . . . ▄
```

程式解說

◆ 第 6 行：宣告一個指標型態的變數，變數名稱為 pFile。

◆ 第 8 行：是以讀取方式開啟檔案。

◆ 第 9 行：透過判斷指標變數是否為 NULL 來確認檔案是否存在。

◆ 第 11 行：開啟檔案後程式結束前，應透過 fclose() 函數關閉檔案。

10-2 putc() 函數與 getc() 函數

如果想要逐一將字元寫入檔案中，則可以使用 fputc() 函數，使用格式如下：

```
fputc( 字元變數 , 檔案指標變數 );
```

例如：

```
fputc(ch,fptr);
```

ch 為所要寫入的字元，而 fptr 為所開啟檔案的結構指標，fputc() 若寫入字元失敗，則傳回 EOF 值，否則就傳回寫入的字元值。至於在 C 語言中，EOF（End Of File）是表示資料結尾的常數，其值為 -1，定義在 **stdio.h** 標頭檔中。

範例程式 **CH10_02.c** ▶ 以下範例是利用 **fputc()** 函數寫入檔案，寫入字元的 **ASCII** 為 **65**，代表英文字母 **A**，程式執行完畢後可開啟 **fileIO.txt** 查看結果。

```
01  #include <stdio.h>
02  #include <stdlib.h>
03
04  int main ()
05  {
06      FILE * pFile; /* 宣告一個指標型態的變數，變數名稱 :pFile */
07
08      pFile = fopen ("fileIO.txt","w"); /* 寫入方式開啟檔案 */
09      if (pFile!=NULL)
10      {
11          putc (65,pFile); /* 寫入一個字元，ASCII 為 65 */
12          fclose (pFile);
13          printf (" 字元寫入成功 \\n") ;
14      }
15
16      return 0;
17  }
```

執行結果

```
字元寫入成功

_____
Process exited after 0.1958 seconds with return value 0
請按任意鍵繼續 . . . ▃
```

fileIO.txt - 記事本 — □ ✕

檔案(F) 編輯(E) 格式(O) 檢視(V) 說明(H)

A

程式解說

- ◆ 第 6 行：宣告一個指標型態的變數，變數名稱 pFile。
- ◆ 第 8 行：以寫入方式開啟檔案。
- ◆ 第 11 行：以 putc() 函數寫入一個字元，ASCII 為 65。

接下來要說明如何一個字元接著一個字元逐步將文字檔案中的內容讀出，我們所使用的是 fgetc() 函數，它會從資料流中一次讀取一個字元，然後將讀取游標往下一個字元移動，fgetc() 函數的定義如下：

```
fgetc( 字元變數 , 檔案指標變數 );
```

例如：

```
fgetc(ch,fptr);
```

如果字元讀取成功，則傳回所讀取的字元值，否則就傳回 EOF（End of File）。

範例程式 **CH10_03.c** ▶ 以下範例是利用一個迴圈與 **getc()** 函數，每次讀取字元後，透過 **printf()** 函數將字元印出。

```
01   #include <stdio.h>
02   #include <stdlib.h>
03
04   int main ()
05   {
06       FILE * pFile; /* 宣告一個指標型態的變數，變數名稱 :pFile*/
07       int i;
08       char c;
09
10       pFile = fopen ("fileIO.txt","r"); /* 讀取方式開啟檔案 */
11       if (pFile!=NULL)
```

```
12      {
13          while ( c != EOF){
14              c = getc (pFile);
15              printf ("%c",c);
16          }
17          printf ("\n");
18
19          fclose (pFile); /* 關閉檔案 */
20          printf (" 字元讀取成功 \\n") ;
21      }
22
23      return 0;
24  }
```

執行結果

```
A
字元讀取成功

--------------------------------
Process exited after 0.1711 seconds with return value 0
請按任意鍵繼續 . . . ■
```

程式解說

◆ 第 6 行：宣告一個指標型態的變數，變數名稱 pFile。

◆ 第 10 行：以讀取方式開啟檔案。

◆ 第 13 ～ 16 行：EOF 值利用 while 迴圈與 EOF 值執行判斷式，並逐字讀出檔案中資料。

10-3 fpus() 函數與 fgets() 函數

在標準 I/O 函數中的字串存取函數有 **fgets()** 函數與 **fputs()** 函數兩種，我們可以使用 **fputs()** 函數將一個字串寫入至檔案中，使用格式如下：

```
fputs(" 寫入字串 ", 檔案指標變數 );
```

例如：

```
FILE *fptr;
char str[20];
…..
fputs(str,fptr);
```

如果是要讀取檔案中的一個字串，可使用 **fgets()** 函數，使用格式如下：

```
fgets(" 讀出字串 ", 字串長度 , 檔案指標變數 );
```

例如：

```
FILE *fptr;
char str[20];
int length;
…..
fgets(str,length,fptr);
```

其中 str 是字串讀取之後的暫存區，length 是讀取的長度，單位是位元組，**fgets()** 函數所讀入的 length 有兩種情況，一種是讀取指定 length-1 的字串，因為最後必須加上 '\0' 字元，另一種是當 length-1 的長度內包括了換行字元 '\n' 或 EOF 字元時，則只能讀取到這些字元為止，**fgets()** 函數與 **fputs()** 函數很適合處理以單行來儲存的檔案內容。

範例程式 **CH10_04.c** ▶ 以下範例仍是利用 **fputs()** 函數與 **fgets()** 函數來讀取並複製拷貝到另一檔案，並將拷貝完畢的檔案再次讀出。

```
01   #include <stdio.h>
02   #include <stdlib.h>
03
04   int main(void)
05   {
06       FILE *fptr,*fptr1;
07       int i,count=0;
08       char str[11];
09
10       fptr1 = fopen(" 記憶法報導拷貝檔 2.txt","w");
11       if((fptr = fopen(" 記憶法報導 .txt","r")) ==NULL)
12           puts(" 無法開啟檔案 ");
13       else
14           while(fgets(str,11,fptr)!=NULL)/* 如果檔案未結束 , 則執行迴圈  */
15           {
16               printf("%s\n",str);
17               fputs(str,fptr1);
18           }
19       fclose(fptr); /* 關閉檔案 */
20       fclose(fptr1); /* 關閉檔案 */
21
22       if((fptr1 = fopen(" 記憶法報導拷貝檔 2.txt","r")) ==NULL)
23           puts(" 無法開啟檔案 ");
24       else
25           while(fgets(str,11,fptr)!=NULL)
26               printf("%s\n",str);
27       fclose(fptr1); /* 關閉檔案 */
28
29       return 0;
30   }
```

執行結果

```
市面上的傳
統速記法,
強調以圖像
法、聯想法
、心智圖等
理論來強化
記憶力,學
習者不但必
須不斷花錢
上課來學習
各種複雜的
速記技巧,
本身還必須
具備豐富的
知識背景。


_____
Process exited after 0.3004 seconds with return value 0
請按任意鍵繼續 . . .
```

程式解說

- 第 14 行:如果檔案未結束,則執行迴圈所在。

- 第 17 行:將 str 字串存入 fptr1 所指向的檔案。

- 第 25 行:以 fgets() 函數讀取 11 字元的字串,如果不是 NULL 則執行 while 迴圈。

- 第 27 行:關閉檔案。

10-4 fprintf() 函數與 fscanf() 函數

除了單純以字元或字串方式寫入檔案外,如果要以一定格式寫入或讀取檔案,在 C 語言中的格式存取函數是 fprintf() 與 fscanf() 函數,使用方式與 printf() 函數與 scanf() 函數類似,只不過 printf() 函數是將資料流輸出至螢幕,而 fprintf() 函數是將資料流輸出至檔案。

因為 scanf() 函數是從螢幕輸入資料，fscanf() 函數則是從檔案中讀取資料。首先來介紹 fprintf() 函數的使用格式如下：

```
fprintf( 檔案指標變數 , 格式化字串 , 變數 1, 變數 2…);
```

例如：

```
File *fptr;
int  math,eng;
float average;
fprintf(fptr, "%d\t%d\t%f\n",math,enf,average);
```

至於 fscanf() 函數的使用格式如下：

```
fscanf( 檔案指標變數 , 格式化字串 , 變數 1 位址 , 變數 2 位址…);
```

例如：

```
FILE *fptr;
int  math,eng;
float average;
fprintf(fptr, "%d\t%d\t%f\n",&math,&enf,&average);
```

範例程式 **CH10_05.c** ▶ 以下範例是將 **5** 筆學生的成績資料結構以 **fprintf()** 函數的格式化模式寫入，並利用 **fscanf()** 函數將此 **5** 筆資料讀出並輸出到螢幕上。

```
01   #include <stdio.h>
02   #include <stdlib.h>
03
04   struct student
05   {
06       char name[10];
07       int Eng;
08       int Chi;
```

```
09      int Math;
10   }; /* 定義結構 , 這個 student 結構為全域性的結構型態 */
11
12   int main(void)
13   {
14       FILE *fptr;
15       int i;
16       struct student s2[5],s1[5]=
17       {" 張小華 ",77,89,66," 吳大為 ",54,90,76," 林浩成 ",88,90,65," 黃明章 ",
            75,54,97," 王召雄 ",88,33,97};
18
19       if((fptr = fopen("student.txt","w")) ==NULL) /* 檢查檔案是否開啟成功來
            寫入 */
20           puts(" 無法開啟檔案 ");
21       else
22       {
23           for(i=0;i<5;i++)
24           fprintf(fptr,"%s\t%d\t%d\t%d",s1[i].name,s1[i].Eng,s1[i].Chi,
                s1[i].Math);
25       } /* 以 fscanf() 函數寫入檔案 */
26       fclose(fptr);    /* 記得關閉檔案 */
27
28       if((fptr = fopen("student.txt","r")) ==NULL) /* 檢查檔案是否
                                                開啟成功來讀取 */
29           puts(" 無法開啟檔案 ");
30       else
31           for(i=0;i<5;i++)
32           {
33               fscanf(fptr,"%s\t%d\t%d\t%d",s2[i].name,&s2[i].Eng,&s2[i].
                    Chi,&s2[i].Math);
34               printf("%s %d %d %d\n",s2[i].name,s2[i].Eng,s2[i].
                    Chi,s2[i].Math);
35           }/* 以 fscanf() 函數讀取檔案 */
36
37       fclose(fptr); /* 記得關閉檔案 */
38
39       return 0;
40   }
```

執行結果

```
張小華 77 89 66
吳大為 54 90 76
林浩成 88 90 65
黃明章 75 54 97
王召雄 88 33 97

-------------------------------------
Process exited after 0.1802 seconds with return value 0
請按任意鍵繼續 . . .
```

程式解說

- 第 4 ～ 10 行：定義結構，這個 student 結構為全域性的結構型態。

- 第 16 ～ 17 行：宣告並初始化這 5 個學生的各種成績資料。

- 第 20 行：檢查檔案是否開啟成功來寫入。

- 第 25 行：以 fscanf() 函數寫入檔案。

- 第 29 行：檢查檔案是否開啟成功來讀取。

- 第 34 行：以 fscanf() 函數讀取檔案。

★ 課 後 評 量

1. 什麼是二進位檔？有何優點？

2. 資料流從建立到結束有下列哪些步驟？

3. 下面這個程式碼哪邊出了問題？導致程式無法編譯成功？

```
01  #include <stdio.h>
02
03  int main(void)
04  {
05      int fptr;
06      fptr = fopen("test.txt", "w");
07      fputs("Justin", fptr);
08      fclose(fptr);
09      return 0;
10  }
```

4. fprintf() 函數與 fscanf() 函數的功用為何？試申論之。

MEMO

Appendix

A

APCS 資訊能力檢測 介紹一覽

APCS 為 Advanced Placement Computer Science 的英文縮寫，是指「大學程式設計先修檢測」。其檢測模式乃參考美國大學先修課程（Advanced Placement, AP），與各大學合作命題，並確定檢定用題目經過信效度考驗，以確保檢定結果之公信力，目前國立臺灣師範大學資訊工程學系是 APCS 的執行單位。（http://w1.csie.ntnu.edu.tw/）

國立臺灣師範大學資訊工程學系

A-1 認識 APCS 資訊能力檢測

APCS 的指導單位是「教育部資通訊軟體創新人才推升計畫」，APCS 的目的是提供學生自我評量程式設計能力，及評量大學程式設計先修課程學習成效，APCS 檢測成績為多所大學資訊工程學系、資訊管理系、資訊科學系、資訊科技等相關科系個人申請入學的參考資料，如果想查詢目前採計 APCS 成績大學校系的最新更新資料，可以參閱底下網頁：https://apcs.csie.ntnu.edu.tw/index.php/apcs-introduction/gradeschool/。

目前報名資格沒有限制，任何人都可以用線上報名的方式參加檢定，特別是鼓勵高中生來參加 APCS 檢測，對於申請資訊相關科系的大學亦有幫助。APCS 在每年的 2、6、10 月都有辦理檢測，2 月及 6 月有辦理觀念題及實作題的檢測，但 10 月份只辦理實作題的檢測。如果想更清楚了解 APCS 報名資訊、

檢測費用、報名資格、檢測資訊、試場資訊、檢測系統環境及採計成績的大學校系等資訊，可以參閱大學程式設計先修檢測官網（https://apcs.csie.ntnu.edu.tw/）。

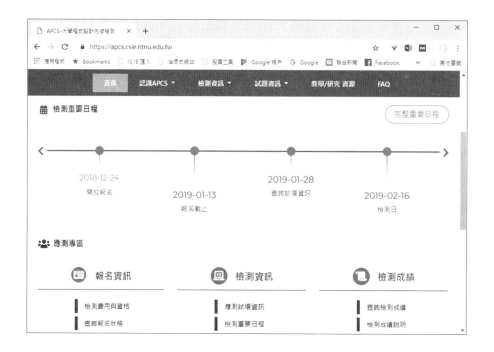

A-2 APCS 考試類型

APCS 考試類型包括：程式設計觀念題及程式設計實作題。其中程式設計觀念題共 50 道試題，分兩份題本以兩節次檢測。而程式設計實作題則為一份測驗題本，共計 4 個題組。